JN269452

閉じこもるインターネット

The Filter Bubble :What the Internet Is Hiding from You

グーグル・パーソナライズ・民主主義

イーライ・パリサー
井口耕二 訳

早川書房

日本語版翻訳権独占
早　川　書　房
© 2012 Hayakawa Publishing, Inc.

THE FILTER BUBBLE
What the Internet Is Hiding from You
by
Eli Pariser

Copyright © 2011 by
Eli Pariser

Translated by
Koji Inokuchi
First published 2012 in Japan by
Hayakawa Publishing, Inc.
This book is published in Japan by
arrangement with
Intercontinental Literary Agency Ltd
acting in conjunction with
Elyse Cheney Literary Associates LLC
through The English Agency (Japan) Ltd.

装幀：浅子佳英

科学的知見は世界をよくするために使うべきだと教えてくれた祖父、レイ・パリサー、
およびわたしのバブルを知性とユーモア、そして愛で満たしてくれる家族と友達に本書を捧ぐ。

目次

はじめに

アフリカで死にかけている人々より家の前で死にかけている一匹のリスのほうが、自分にとっては大事かもしれない[1]**。**

——フェイスブックの創業者、マーク・ザッカーバーグ

われらツールを形づくる。ゆえにツール、われらを形づくる[2]**。**

——メディア学者、マーシャル・マクルーハン

２００９年12月4日、グーグルの公式ブログに登場した一文に注目した人はほとんどいなかった。注意を引くようなものでもなかった。大々的なアナウンスもシリコンバレーらしい大風呂敷もなく、ただ、段落がいくつか、グーグルの財務ソフトウェアがアップデートされるという話と検索語の週間ランキングにはさまっていただけだった。

すべての人が見過ごしたわけではない。検索エンジンについてブログを書いているダニー・サリバンはいつもグーグルのブログをなめるように読み、この巨人が向かう先のヒントを探していた。彼はこの記事に注目し、「検索エンジン史上最大の変化だ」として「パーソナライズされた検索をすべての人に」と題するエントリーを書いた。[3]

この日の朝から、グーグルは57種類もの「信号《シグナル》」[4]——ログインの場所や使っているブラウザーから過去に検索した言葉まで——を使い、各ユーザーがどういう人物でどういうサイトを好むのかを推測するようになった。ログアウトしても検索結果のカスタマイズがおこなわれ、そのユーザーがクリックする可能性が高いと推測したページが表示されるのだ。

グーグルの検索はだれに対しても同じ結果を返してくると思う人が多い。つまり、グーグルの有名なページランクアルゴリズムによる結果——他ページからのリンクを基準にした権威ある検索結果だ。２００９年12月以降は違う。いま、返ってくる検索結果はあなたにぴったりだとグーグルのアルゴリズムが推測したものであり、ほかの人はまったく違う結果となっている可能性がある。規格品のグーグルというものはなくなったのだ。

この結果、大きな違いが生じていることは簡単に確認できる。２０１０年春、メキシコ湾原油流出事故がまだ収まっていないころ、友人ふたりに「ＢＰ」の検索をしてもらった。ふたりは似たようなレベルの教育を受けた左寄りの白人女性で、米国北東部に住んでいる。だが、検索結果は大きく異なっていた。片方が見たのはＢＰの投資情報、もう片方はニュースだった。片方は１ページ目に流出事故に関するページへのリンクが含まれていたが、もう片方はＢＰの広告ばかりだったのだ。

ヒット数さえも大きく異なっていた。片方は1億８０００万、もう片方は1億３９００万。東海岸に住む革新的な女性同士でもこれほど結果が違うのなら、テキサス州に住み共和党を支持する老人や、それこそ、日本の会社員とではすさまじい違いになるはずだ。

パーソナライズされたグーグルで「幹細胞」を検索した場合、幹細胞研究を支持する研究者と反対する活動家ではまったく違う結果になるかもしれない。「気候変動の証拠」も、環境運動家と石油会社役員ではまったく違う結果になるかもしれない。調べ物をするとき、ほとんどの人は検索エンジンを不偏だと考える。でも、そう思うのは、自分の主義主張へと少しずつ検索エンジンがすり寄っているからなのかもしれない。あなたのコンピューターのモニターはマジックミラーのようなものになりつつある。あなたがなにをクリックするのかが鏡の向こうからアルゴリズムに観測され、自分の興味関心を映すようになっているのだ。

前述したグーグルの発表は、情報を消費する方法について水面下で大きな変化が始まったことを意味している。パーソナライゼーションの時代は２００９年12月４日に幕を開けたと言えるだろう。

１９９０年代、わたしはまだ子どもで、メイン州で農場をしていた我が家には、毎月、ＡＯＬやアップルの話、そして、ハッカーやテクノロジストが世界を変えつつあるといった話が満載のワイアード誌が届いた。十代前半だったわたしは、これからインターネットが世界を民主化する、優れた情報とその情報を活用する力で我々をつないでくれると信じていた。ワイアードにはカリフォルニアにいる未来派の人々や技術的楽観主義の人々が次々に登場し、もうすぐ圧倒的な変化がおきると明言していた。社会的な階層はなくなり、エリートは追放され、世界は自由に満ちたユートピアになると。

学生時代、わたしは独習でＨＴＭＬを覚えたほか、ＰＨＰとＳＱＬの基本を学んだ。友達のためや学校の課題としてウェブサイトも作ってみた。そうこうしているうちに同時多発テロがおき、そのウェブサイトを1通の電子メールが紹介したことから、突然、わたしは世界１９２カ国、50万もの人と向きあうことになる。

20歳の人間にとってあれはすさまじい経験だった。わずか数日で、ちょっとした運動の中心に祭りあげられたのだ。自分ひとりではとてもやれないと思った。だから、バークレー発の市民活動系スタートアップ、ムーブオン・ドット・オルグ（MoveOn.org）に参加することにした。ムーブオン・ドット・オルグの共同創立者はウェス・ボイドとジョアン・ブレイズで、羽のはえたトースターが飛びまわるスクリーンセーバー、フライングトースターを世に送りだしたソフトウェア会社を経営していた。主任プログラマーは二十代の自由至上主義者《リバタリアン》、パトリック・ケーンで、同名のＳＦ小説にちなんで「犬の散歩も引き受けます」と名付けたコンサルティングサービスを提供していた。業務管理はフライングトースター時代からボイドらと仕事をしてきたキャリー・オルソンだ。全員、在宅で活動を推進していた。

　作業は電子メールを書いて送る、ウェブページを作るなど、おもしろみのないものが大半だったが、同時にとても刺激的だった。透明性という新時代の幕を開ける力がインターネットにはあると思えたからだ。リーダーが市民と直接コミュニケーションができる、しかもお金をかけずにおこなえるなら、すべてが変わるはずだ。市民も力を結集し、自分たちの声を届けられるようになる。ワシントンは情報の関所と官僚主義であちこちに詰まりが発生しているが、インターネットにはその詰まりをすべて洗いながす力があると感じられた。

　わたしが参加した２００１年ごろ、ムーブオンの会員数は全米で50万人だったが、いまは５００万人と、全米ライフル協会を大きく上まわる有数規模の市民団体に成長した。あらゆる人に医療を届ける、環境にやさしいグリーン経済を実現する、民主的な仕組みを推進するなどを目的に、累計1億2000万ドルを超える会員からの寄付に支えられて活動を展開している。

あのころは、インターネットで社会全体の民主化が大きく進むものと思われた。ブロガーや市民ジャーナリストは独力で公共メディアの立て直しを進めてゆくだろう。政治家はごく普通の人々が少しずつ拠出する資金を幅広い層から集め、その資金だけで選挙にでられるようになるだろう。地方政府は透明性が高まり、市民に対する説明責任が十分に果たされるようになるだろう。そう思っていたのだが、市民同士がつながる時代というわたしの夢は現実となっていない。他人の視点から物事を見られなければ民主主義は成立しないというのに、我々は泡《バブル》に囲まれ、自分の周囲しか見えなくなりつつある。事実が共有されなければ民主主義は成立しないというのに、異なる平行世界が一人ひとりに提示されるようになりつつある。

この不安に実感を持ったのは、フェイスブックのわたしのページから保守系の友人が消えていることに気づいたときだ。わたし自身は左寄りだが保守系の考えも知りたいので、何人かとわざわざ知り合いになり、フェイスブックの友達にも登録した。彼らが投稿するリンクやコメントを確認し、彼らから多少のことを学びたいと思ったのだ。

しかし、彼らのリンクがわたしのニュースフィードに表示されることはなかった。わたしは保守系友人のリンクより革新系友人のリンクをクリックすることが多く、また、そのどちらよりもレディー・ガガの最新動画へのリンクをクリックすることが多いと、フェイスブック側が把握しているからだろう。だから、保守系のリンクをわたしに提示しないのだ。

このことをきっかけにいろいろと調べ、フェイスブックがどのような形でわたしに見せるものと隠すものを決めているのかを知ろうとした。そのうち、これがフェイスブックだけの問題ではないことが判明する。

大々的な発表もなく、ほとんどの人が気づかないうちに、デジタル世界は根底から変わろうとしている。かつてのインターネットは匿名媒体で、だれでも好みの人になりすませると言われたが（「犬だとはばれないから」という一コマ漫画がニューヨーカー誌に掲載されたほどだ）、最近は、個人データを集め、解析するツールになっている。ウォールストリートジャーナル紙がおこなった調査によると、CNNにヤフー、MSNなど、インターネットの有名サイト50カ所には、データ満載のクッキーや個人データを追跡するビーコンが1カ所あたり平均で64も用意されていたという。[6]ディクショナリー・ドット・コム（Dictionary.com）で「うつ病」を引くと、他のウェブサイトが抗うつ剤の広告を表示できるように、追跡用のクッキーとビーコンが223個もコンピューターにインストールされたりする。[7]ABCニュースの料理記事にリンクを張ると、テフロン加工ポットの広告につきまとわれたりする。[8]奥さんの浮気を見破る方法がリストアップされているページをほんの一瞬でも開けば、その後はDNAによる父子鑑定の広告につきまとわれる。新しいインターネットは、あなたが犬であることはもちろん犬種や血統さえも把握し、高級ドッグフードを売りつけようとするのだ。

いま、グーグルやフェイスブック、アップル、マイクロソフトなどのインターネット系大企業は、ユーザーの情報を少しでも多く集める競争に血道をあげている。電子フロンティア財団のクリス・パーマーは「無償サービスには、個人情報という対価を払っているのです。グーグルもフェイスブックも、それを上手にお金に換えています」と説明してくれた。[9] Ｇｍａｉｌもフェイスブックも無償で使える便利なツールだが、同時に、とても効果的でどん欲な抽出エンジンであり、我々は生活のもっとも私的な部分をそこに注ぎ込んでいるわけだ。なめらかで美しいｉＰｈｏｎｅは、あなたがどこに行き、だれと電話し、なにを読んでいるのか、すべて知っている。マイクとジャイロスコープ、ＧＰＳが内蔵されているので、いま、歩いているのか車に乗っているのか、それともパーティーをしているのかさえ知ることができる。

グーグルは（いまのところ）ユーザーの個人情報を外部にださないと約束しているが、格安航空券のサイト、カヤック・ドット・コム（Kayak.com）から共有ウィジェットのアドディス（AddThis）など、人気のウェブサイトやアプリはそのような保証をしていないものが多い。人々が訪れるページの裏では、「オンラインにおけるユーザーの行動に関する情報」という巨大な市場がうごめいている。そのような市場で活躍しているのが、ブルーカイ（BlueKai）やアクシオム（Acxiom）など、あまり知られていないが大きな利益を上げている個人情報の企業だ。アクシオムは、ひとりあたり平均で１５００項目[10]もの個人情報を集めてデータベース化しており、そのカバー率は米国人の96％に達する。[11] このほかに、信用情報から尿失禁の薬を買っているか否かにいたるまで、あらゆるデータを所有している。そして、世界のグーグルやフェイスブックだけでなく、あらゆるウェブサイトが、超高速プロトコルを使ってこの狂騒に参加できる。「行動市場」の会社にとってあなたが生みだす「クリック信号」は一つひとつが商品であり、マウスの動きは一つひとつ、マイクロ秒単位で競り落とされるものなのだ。

インターネット系大企業の事業戦略はシンプルだ――個人に密着した情報を提供できるほど広告料は稼げるし、ユーザーは提示された製品を購入する。実際、そのとおりになっている。アマゾンは、各ユーザーが興味をもつモノを予測・提示し、10億ドル単位の売上を実現している。ビデオレンタルのネットフリックスは、売上の実に60%を、ユーザーごとに映画の好みを予測することからあげている。予測精度はとても高く、評価の星半分以内におさまる。[12] インターネットの5大サイト――ヤフー、グーグル、フェイスブック、ユーチューブ、マイクロソフトライブ――も、その他のサイトも、皆、パーソナライゼーションを戦略の中心に据えている。

3年から5年もたつと、ユーザーに合わせてカスタマイズされないウェブサイトという考え方は古く感じられるようになると、フェイスブックCOOのシェリル・サンドバーグは考えている。[13] ヤフーのバイスプレジデント、タパン・バットも同意見だ。「ウェブの未来はパーソナライゼーションにある……いまのウェブは『わたし』中心だ。今後は、ウェブを上手にパーソナライズし、ユーザーに合わせられるかどうかが勝負だ[14]」。グーグルCEOのエリック・シュミットも、自分の入力を予測してくれるコードを作りたいと昔から思っていたと言う。そして入力と平行して内容を推測するグーグルインスタントが２０１０年秋に導入されたが、これはスタートにすぎない。ユーザーは、次になにをすべきかをグーグルに教えてもらいたがっているとシュミットは考えているからだ。[15]

このカスタマイズがすべて、単なるターゲット広告ならそれはそれだろう。しかし、なにを買うか以外にもパーソナライゼーションの影響はある。フェイスブックなど、パーソナライズされたニュースフィードに頼る人が、最近、急速に増えている。30歳以下の米国人は、いま、36％がニュースをソーシャルネットワーキングサイトから得ている。[16]そして、フェイスブックは世界中で人気が急上昇しており、毎日、１００万人近くも参加者が増えている。[17]フェイスブックの創始者、マーク・ザッカーバーグがよくぶちあげるように、フェイスブックは世界最大のニュースソースとなったとも言えるだろう（なにをもって「ニュース」というか次第ではあるが）。[18]

パーソナライゼーションは、フェイスブック以外でも情報の流れをコントロールしている。ヤフーニュースなどのウェブサイトからニューヨークタイムズ紙が作ったニュースリーダー、ニュース・ドット・ミー（News.me）まで、いずれも、我々の興味関心に合わせた構成となるように作られている。その影響を受け、我々は、ユーチューブなどの動画サイトでどの動画を見るのか、どのブログ記事を読むのかを決める。だれから電子メールを受けとるのか、出会い系サイトでどういう相手と巡りあうのか、口コミサイトでどのレストランが推奨されるのか……いずれも、パーソナライゼーションの影響を受けている。それこそ、だれがだれとデートするのかだけでなく、どこに行ってどういう話をするのかにさえパーソナライゼーションは影響を与えられる。広告を仕切っていたアルゴリズムが人生を仕切るようになりつつあるのだ。

新しいインターネットの中核をなす基本コードはとてもシンプルだ。フィルターをインターネットにしかけ、あなたが好んでいるらしいもの——あなたが実際にしたことやあなたのような人が好きなこと——を観察し、それをもとに推測する。これがいわゆる予測エンジンで、あなたがどういう人でなにをしようとしているのか、また、次になにを望んでいるのかを常に推測し、推測のまちがいを修正して精度を高めてゆく。このようなエンジンに囲まれると、我々はひとりずつ、自分だけの情報宇宙に包まれることになる。わたしはこれをフィルターバブルと呼ぶが、その登場により、我々がアイデアや情報と遭遇する形は根底から変化した。

もちろん、我々は昔から、自分の興味関心や仕事とかかわりが深いメディアを重視し、その他を無視する傾向にあった。しかしフィルターバブルの登場により、次のように、いままでなかった3種類の問題に直面するようになった。

まず、ひとりずつ孤立しているという問題がある。ケーブルテレビの専門チャンネルでゴルフなどごく狭い範囲を取り扱うものを見る場合でも、自分と同じ価値感や考え方をもつ人がほかにも見ている。これに対してバブルには自分しかいない。情報の共有が体験の共有を生む時代において、フィルターバブルは我々を引き裂く遠心力となる。

次に、フィルターバブルは見えないという問題がある。保守系や革新系のニュースの場合、ほとんどの人は、政治的に偏向しているとわかった上で見ている。これに対してグーグルは微妙だ。あなたがどういう人だと思っているのか教えてくれないし、提示する結果がどうしてそうなっているのかも教えてくれない。自分に対する想定が正しいのかまちがっているのかもわからない。それどころか、自分に対する想定があることにも気づかない可能性がある。BPを検索したとき投資関連の情報が提示された友人は、株の取引をしているわけでもないのにどうしてそうなったのかわからないと言う。情報のフィルタリングがされているサイトを選んでいないのだから、フィルターバブルを通して届く情報は偏向のない客観的真実だと考えるのがふつうだろう。ところがそうではない。それどころか、フィルターバブルの内側から見たのでは、その情報がどれほど偏向しているのかまずわからないというのが現実である。

最後に、フィルターバブルは、そこにはいることを我々が選んだわけではないという問題がある。フォックスニュースを見る、ネイション誌を読むなどの場合、どういうフィルターを通して世界を見るのか、我々は自ら選んでいる。能動的な行為なのだ。色眼鏡をかけるようなもので、自分の意識をどう変えようと編集者が考えているのか、ある程度は推測できる。これに対してパーソナライズされたフィルターの場合、自ら選択することがない。向こうが勝手にきてしまう。しかも、フィルターはウェブサイトに利益をもたらすために使われているわけで、今後は、避けたくても避けにくくなる一方だろう。

もちろん、パーソナライズドフィルターが強い魅力を持つのには理由がある。我々は圧倒的な情報の奔流に直面している。毎日追加されるブログ記事は90万件、つぶやきは５０００万件[19]、フェイスブックのステータスアップデートは６０００万件、送信される電子メールは２１００億通にのぼる。[20] エリック・シュミットによると、人類の誕生から２００３年まで、我々がおこなってきたコミュニケーションをすべて記録すると50億ギガバイトほどになるという。[21] それが、いまはわずか2日で同じ量のデータが生みだされる。

プロでさえ、このスピードについてゆくのは厳しい。米国家安全保障局はサンフランシスコにあるＡＴ＆Ｔのメインハブを通過するインターネットトラフィックをコピーしているが、そのデータを処理するため、米国南西部にスタジアムサイズの施設を2カ所も新設中だ。[22] 彼らが直面する最大の問題は電力不足。それほどの処理をまかなうには電力が足りず、発電所新設の資金を議会に要請しなければならなかった。２０１４年ごろには取り扱うデータ量がさらに増え、新しい単位を考案しないと表現できなくなるとさえ予想されている。[23]

これに伴い、「注意力の崩壊」とメディアアナリストでブロガーのスティーブ・ルーベルが言う事態が発生する。[24] 遠くまで、また、大勢の人へ情報を伝達するコストが急降下した結果、流れてくる情報のすべてにきちんと注意を払うことが難しくなってきた。テキストメッセージからウェブのクリップ、電子メール……次々とチラ見してゆかざるをえない。情報の奔流は強まる一方で、重要なビットやそれこそ自分に関係するビットをみつけるだけで日が暮れる時代になったのだ。

だから、つい、パーソナライズされたフィルターの助けを借りたくなる。パーソナライズドフィルターを使えば、知るべき情報、見るべきもの、聞くべきことをみつけやすくなるはずだからだ。猫の写真にバイアグラの広告、どこまでも続くミュージックビデオの山から価値のあるモノをみつけやすくなるはずだからだ。オンラインDVDレンタルサービスのネットフリックス(Netflix)なら14万本もの在庫から自分に合った映画をみつけることができる。iTunesのジーニアス機能なら大好きなバンドの新曲を教えてくれるので見のがす心配がない。

パーソナライゼーションを突きつめると、あらゆる面で個人に合わせてカスタマイズした世界が生まれると言われる。自分が好む人々、物、アイデアだけに囲まれた世界だ。居心地はいいだろう。リアリティ番組についての情報(あるいは、銃の乱用といったもっと怖い話)など聞きたくないと思えば聞かずにすむ。逆に、女優、リース・ウィザースプーンについてはすべてを聞きたいと思えば聞くことができる。料理、ガジェット、あるいは、海外の話題に関する記事をクリックしないでいれば、そういう話題は視界から消えてゆく。たいくつすることなどない。いやな思いをすることもない。自分の興味関心や願望を完全に反映したメディアに囲まれているのだから。

これはとても魅力的な世界だ。太陽などすべてが自分を中心にまわる天動説の世界に戻れるのだから。ただし、対価を払わなければならない。あらゆるものをパーソナライズすると、インターネットの本来的な魅力が減ってしまうのだ。

本書につながる調査を開始したころ、パーソナライゼーションというのはごくわずかなシフトでそれほど大きな意義をもつとは思わなかった。その後、そのような形に社会全体を変えたらどうなるかと考え、もっと重要なことだと感じるようになった。また新技術については詳しいつもりだったが、実は知らないことが多いことにも気づいた。パーソナライゼーションはどのように実現するのか？　どういう力が推進しているのか？　どこへ向かおうとしているのか？　そしてこれが大事なのだが、その結果、我々にどういう影響が生じるのか？　人生はどう変わるのか？

このような疑問の答えをみつけるため、わたしは、社会学者や営業担当者、ソフトウェアエンジニア、法学部教授などから話を聞いた。アルゴリズムでデートの相手を決める大手出会い系サイト、ＯＫキューピッド（OKCupid）を作った人からも、情報戦争を担当する米国機関の中核にいる人物からも話を聞いた。オンライン広告の販売や検索エンジンの仕組みについて、驚くほど多くのことを学んだ。サイバー世界に疑問を投げかける懐疑論者とも、バラ色の未来を描くビジョナリーとも議論を交わした（その両方だという人も何人かいた）。

この調査をしていて驚いたのは、パーソナライゼーションやフィルターバブルの影響を把握するのがとても難しいという点だ。グーグルで検索パーソナライゼーションの窓口を務めるジョナサン・マクフィーは、アルゴリズムがどのような形である特定のユーザーの体験を形成するのか、それを把握するのはまず無理だと語ってくれた。追跡する入力項目と変数が多すぎるのだ。だから、クリック全体を見ることはできても、それがあるユーザーにどういう影響を与えているのかを把握するのはグーグルでさえもできない。

パーソナライゼーションが普及していることにも驚かされた。フェイスブックやグーグルだけでなく、大手サイトのほぼすべてに浸透していたのだ。「ジニーが魔法のランプに戻ることはないでしょう」とダニー・サリバンは事態の逆転を否定する。[25]メディアのパーソナライゼーションについては昔から懸念が表明されており、２０００年には法学者のキャス・サンスティーンが優れた警告の書を著していたりする。だが、最近はごく普通におこなわれるようになり、我々が知らないだけでパーソナライゼーションは日常生活のあちこちに組みこまれている。[26]フィルターバブルが本当のところどういう効果を持つのか、なにが問題なのか、我々の暮らしや社会にどういう影響を与えるのか、そろそろわかる段階にはいっている。

技術には境界がつきものだ、ここまでは自分だがここからは技術というところがあると、スタンフォード大学法学部のライアン・カロ教授は指摘する。そして、世界を見せる技術は、カメラのレンズのように人と現実の間に置かれることになる。これは強い影響力をもつポジションだ。「ここなら、さまざまな形で世界の認知をゆがめられますからね[27]」。そう、それこそがフィルターバブルの影響である。

フィルターバブルの対価には個人的なものと文化的なものがある。まず、パーソナライズドフィルターを使う人が直接的に支払う対価がある（自覚するか否かは別として、近い将来、ほとんどの人は支払うようになる）。そしてもうひとつ、フィルターバブルのなかで生活する人が増えたときに発生する社会的な影響がある。

個人の体験にフィルターがどう影響するのかを理解するためには、情報を食になぞらえて考えてみるとよいだろう。２００９年に開催されたウェブ２・０エキスポで、社会学者のダナ・ボイドが次のように語っている。

我々の体は脂肪や糖分を求めるようにできている。脂肪も糖分も手にはいりにくいものだからだ……同様に、生物学的問題として、我々は刺激の強いものに注目するようにできている。下品なもの、暴力的なもの、性的なもの、そしてまた、恥ずかしいうわさ話や攻撃的なうわさ話などに惹かれるのだ。気をつけないと、我々は精神的な肥満に陥《おちい》る。自分にとっても、また、社会全体にとっても、よくないコンテンツばかりを消費するようになってしまうのだ。[28]

我々がどういうものを食べるのかは、その食品の生産方法によって決まる。同じように、我々が消費する情報はメディアによって決まる。そしていま、我々の情報食は自分に関係のあるものだけが満載された状態になろうとしている。それはそれでいい面もあるが、過ぎたるは及ばざるがごとしである。パーソナライゼーションのフィルターは目に見えない自動プロパガンダ装置のようなものだ。これを放任すると、我々は自らの考えで自分を洗脳し、なじみのあるものばかりを欲しがるようになる。暗い未知の領域にひそむ危険のことなど忘れてしまう。

　フィルターバブル内では、新たな洞察や学びに遭遇するチャンスが少ない。異なる分野や文化の発想がぶつかることから新しいものが生まれるというのに。たとえば焦げにくいフライパンやＩＨコンロは、料理と物理学の組み合わせから生まれた。しかし、料理本に興味を抱いているとアマゾンが判断したとき、同時に冶金学の本を推奨する可能性はとても低い。危険にさらされているのはこうしたチャンスだけではない。見慣れたものでつくられた世界は、当然の帰結として学ぶものがない世界となる。パーソナライゼーションを進めすぎれば、思い込みを吹き飛ばしてくれる体験や発想にであえなくなる——世界や自分自身に対する見方さえ変えてしまう体験や発想にであえなくなる。

　また、パーソナライゼーションは一応、ユーザーに対するサービスという位置付けになっているが、あなたのデータがあなた自身のためにだけ使われるとは限らない。ミネソタ大学で最近おこなわれた研究で、女性は排卵期のほうが体にぴったりした服の広告に反応しがちだとの結果が得られ、オンライン広告の「タイミングを戦略的に設定」したほうがよいとの提案がおこなわれている。[29] このタイミングは、十分なデータさえあれば意外なほど簡単に推測できる。

　いつも読んでいる記事や気分にあった広告が提示されるというのは、ユーザーにとって一応はよい面だろう。しかし逆に、我々の暮らしに悪影響がでることも考えられる。小さなバックパックひとつで第三世界を歩くページを見ると、閲覧履歴を確認した保険会社から高い料率を提示されることが考えられると、法学部教授のジョナサン・ジットレインは指摘している。オンラインにおける子どもの行動を追跡するソフトウェア、セントリー（Sentry）をエコーメトリクス（EchoMetrix）社が販売しているが、セントリーで収集された子どもたちのデータがマーケティング企業に転売されていることがあきらかとなり、セントリーを購入した親から怒りの声があがるという事件もあった。[30]

パーソナライゼーションは取引の一種である。フィルタリングのサービスを得るかわり、日常生活に関して膨大な量のデータを大企業に渡すのだ——友人には渡したくないと思うかもしれないデータを。企業はこのようなデータの活用方法をどんどん工夫して、日々、さまざまな決定を下している。そのようなとき、きちんと慎重におこなってくれているはずと思いがちだがかならずしもそうではないし、ユーザーに悪影響を与えるようなケースは隠れておこなわれることが多い。

最終的に、自分がどう生きたいと思うのかにさえ影響を与える力をフィルターバブルはもつ。自らの人生を書きつづるためには、幅広い選択肢とライフスタイルがあることを知る必要があるとヨハイ・ベンクラー教授は言う。[31]フィルターバブルの中にはいるというのは、自分が目にする選択肢をその会社に選ばせることを意味する。運命の手綱を握っているつもりが、パーソナライゼーションによっていつのまにか、過去のクリックが今後目にするものを決める情報の決定論のような状況になってしまい、ただただ、過去と同じことをくり返すだけになってしまう。同じところをぐるぐると、少しずつ範囲を狭めながらまわり続ける――エンドレス・ミーというループにはまってしまうのだ。

影響はさまざまな面に表れる。米国における市民生活の劣化に警鐘を鳴らしてベストセラーとなった『孤独なボウリング』でロバート・パットナムは、信頼と忠誠というきずなにより、人々は助け合いの精神で共通する問題に取り組み、協力してきたが、その「社会関係資本」が大きく減退していると指摘した。この本でパットナムは、2種類の社会関係資本があるとした。ひとつはグループ内部から生じる「つなぐ」資本で、同窓生同士に生じるものなどをさす。もうひとつは「橋渡し」資本で、背景の異なる人々が集まり出会う町の集会などで生じるものをさす。橋渡し資本は強力だ。橋渡し資本を増やせば、再就職もしやすくなるし起業資金も集めやすくなる。さまざまなネットワークから助けを得られるようになるからだ。[32]

インターネットは、この橋渡し資本が豊富に得られる場になると多くの人が期待していた。ドットコムバブルの絶頂期、インターネットによって「我々はすべて隣人になる」とトム・フリードマンは予想した。[33] 彼の著書『レクサスとオリーブの木』もこの考えを中心としたものだった――「インターネットは、世界全体を一体化するシステムをはさむ巨大な万力のようなものになるだろう……そして我々を囲むこのシステムを少しずつ押しつぶし、日々、世界を小さく、また、速くしてゆくだろう」[34]。

フリードマンはおそらく、アフリカの子どもたちもニューヨークの会社役員もいっしょのコミュニティとなる、そんな世界的な村社会の出現を予想していたのだと思う。しかしそうはならなかった。いま、仮想世界における我々の隣人は現実世界の隣人と同じようになりつつあるし、現実世界の隣人は自分自身と同じようになりつつある。つなぐ資本ばかりが増え、橋渡し資本がほとんど増えない状況なのだ。これは大変な問題である。自分の身の回りや狭量な自己主義という範囲をこえる問題に対応する場——つまり「公《おおやけ》」の意識を生むのは橋渡し資本だからだ。

我々は、あるせまい範囲の刺激に反応しがちだ。セックスや権力、ゴシップ、暴力、有名人、お笑いなどのニュースがあれば、そこから読むことが多い。このようなコンテンツは、フィルターバブルを通じてもまずまちがいなく届く。マラソン完走と書かれた友達の日記や、オニオンスープの作り方などの説明記事は「いいね！」ボタンをクリックすることが多いのでフィルターバブルを通過しやすい。これに対し、「ダルフール、過去2年間最悪という流血の1カ月を経験」と題された記事などは「いいね！」ボタンをクリックしにくい。パーソナライズされた世界では、刑務所にいれられる人が増えているとかホームレスが増えているとか、重要だが複雑あるいは不快な問題が視野にはいることが減ってしまうのだ。

消費者にとって、関係のないものや好みでないものが消えてくれるのは、まずまちがいなくよいことだろう。しかし、消費者にとってよいことが市民にとってよいとはかぎらない。好んでいるように見えるものが欲しいものとはかぎらないし、まして、所属するコミュニティや国の一員として知るべきものとはかぎらない。「興味の範囲外と思われることに直面するのは、市民にとっては美徳だ。複雑な世界ではあらゆることが自分に関係してくるし、その結果、金銭的な利己主義というループにとらわれてしまう」とテクノロジー系ジャーナリストのクライブ・トンプソンも言う。[35] これを文化系の批評家、リー・シーゲルは、「顧客は常に正しいが、人は常に正しいとはかぎらない」と表現した。[36]

メディアの構造は社会の特性に影響をあたえる。印刷物は、手間暇をかけて筆写された巻物とは異なる形で民主主義に貢献する。テレビはケネディ大統領の暗殺から同時多発テロまで、20世紀の政治に大きな影響をあたえたし、国民が週に36時間もテレビを見る国が市民生活に費やす時間が短いのはおそらく偶然ではないのだろう。[37]

パーソナライゼーションの時代が到来し、インターネットの影響に関する予測が根底から変わろうとしている。インターネットを創った人々が夢見ていたのは、ペットの写真を共有するグローバルなシステムよりも大きく、重要なものだった。90年代初頭、電子フロンティア財団の創設につながったマニフェストには「サイバースペースにおける精神の文明開化」とあった[38]――世界をおおうメタな脳のイメージだ。しかし、パーソナライズドフィルターはこの脳のシナプスをずたずたにしてしまう。我々は、そうと気づかぬうちにグローバルな大脳葉切断手術《ロボトミー》を受けつつあるのだ。

巨大都市からナノテクまで、我々は、人の理解を超えるほど複雑な社会を作って世界を覆おうとしている。今後20年で我々が直面すると思われる問題は、エネルギー不足からテロリズム、気候変動、そして、疾病など大きなものばかりである。多くの人が協力しなければ、このような問題は解決できない。

ウェブを創ったティム・バーナーズ＝リーなど、草創期のインターネットを熱心に推進した人々は、このような問題を解決するプラットフォームにインターネットがなりうると思っていた。わたしはいまでも可能だと思っており、どうすれば可能であるのか、本書であきらかにするつもりだ。だがまず、どのような力がパーソナライズする方向へインターネットを動かしているのかをあきらかにする必要があるだろう。パーソナライゼーションをもたらしているコード——そしてそのコードを作っている人たち——の問題もあきらかにしなければならない。

ローレンス・レッシグの有名な言葉「コードが法」[39]が正しいのであれば、新興の立法府がなにをしようとしているのかを理解すべきだろう。グーグルやフェイスブックのプログラマーがなにを考えているのかを理解する必要がある。パーソナライゼーションを推進している経済的な力や社会的な力を理解する必要がある——その一部は必然だが、必然ではないものもある。そして、これらが政治や文化、そして未来に対してどのような意味を持つのかを理解する必要がある。

友達と見比べないかぎり、自分が見ているグーグルやヤフーニュースがほかの人のものとどう違うのかなどわかるはずがない。しかし、なにが重要なのか、なにが真実なのか、なにが現実なのかという認知さえゆがめられることを考えると、なんとしても、フィルターバブルの姿を白日の下にさらす必要がある。これが本書の目的である。

第一章
関連性を追求する競争

対価を払わない者は顧客ではない。売られるモノだ。[1]

——メタフィルター（MetaFilter）というウェブサイトにBlue_beetleというペンネームで書くアンドリュー・ルイス

1994年春、ニコラス・ネグロポンテはじっと座って考えていた。ネグロポンテが立ちあげたMITメディアラボでは、若いチップデザイナーやバーチャルリアリティアーティスト、ロボット研究者が忙しく立ち働き、未来のおもちゃやツールを作っていた。しかしネグロポンテの頭を占めていたのはもっとシンプルな問題、何百万人もの人が毎日頭を悩ませる問題だった――「どのテレビ番組を見ようか」だ。

1990年代半ばには、何百ものチャンネルが1日24時間、年中無休で番組を流すようになっていた。番組の多くは低俗でつまらなかった。新しい台所用品の紹介に見せかけたコマーシャル、ヒット一発で消えるようなバンドのミュージックビデオ、アニメ、芸能ニュースなどだ。そのごく一部にしか、普通の人が興味を引かれることはなかった。

チャンネルが増えるにつれ、それまでの方法では番組を選べなくなっていった。5チャンネルと500チャンネルでは話が違う。これが5000チャンネルになると……これはもう、どうにもならない。

しかし心配はいらないとネグロポンテは言う。すべてが失われたわけではない。いや、もうすぐ解決策が登場するというのだ。「未来のテレビについて考えるとき大事なのは、テレビをテレビと思わないことだ」。つまり、知性をもつ装置だと考える。消費者にとって必要なのはテレビが自分自身を制御するリモートコントロール、ユーザーの視聴パターンを学び、視聴者と関連性の高い番組をピックアップするインテリジェントな自動ヘルパーだ。「いまのテレビは、明るさ、音量、チャンネルの調整ができる。未来のテレビは、セックス、暴力、政治姿勢の調整ができるようになる[2]」

ここでとどめる必然はない。当然ながら、ネグロポンテは、テレビと同じような問題について助けてくれるインテリジェントなエージェントがたくさん登場する時代がくると考えた。自分専用の執事といった感じで、このエージェントが自分好みの番組や話題だけを届けてくれるわけだ。「自分のインターフェースエージェントがニュースサービスや新聞をすべて読み、世界中のテレビやラジオを視聴し、自分にあわせたまとめを作ってくれる。そんな未来がきたらどうだろうか。このような新聞は、ひとりに特化した版となる……これをデイリー・ミーと呼ぼう[3]」

このことを考えれば考えるほど、ネグロポンテはこれしかないと思うようになった。デジタル時代にはいって氾濫するようになった情報に対処するには、パーソナライズされたスマートな編集者を組みこむのがいいと。実際、テレビにかぎる必要はなく、新たに創刊されたテクノロジー系の雑誌、ワイアードの編集者にも、「コンピューティングの未来はインテリジェントなエージェントにある」と訴えた[4]。

これに反発したのが、サンフランシスコに住むジャロン・ラニアーである。ラニアーはバーチャルリアリティの産みの親で、80年代からコンピューターと人をつなぐ努力を続けてきた人物だ。その彼にとってエージェントはありえない話だった。ワイアードスタイル・コミュニティにあてた文書を自らのウェブサイトに掲載する。そこには「みんな、いったいなにを考えているんだ?」とあった。『『インテリジェントなエージェント』という考え方はまちがっているし、有害でもある……エージェント問題の行く末により、(ネットが)テレビよりもずっとよいものになるのか、あるいは、ずっと悪いものになるのかが決まるだろう[5]」

エージェントは人ではないため、人とエージェントとの関係はピクセル化されたぎこちないものになるとラニアーは考えた。「あなた方が考えるエージェントのモデルはマンガチックなものとなり、エージェントの目を通して世界のマンガ版を見ることになる」

別な問題もある。完全なエージェントができたとすれば、広告のほとんどあるいはすべてが取りのぞかれてしまう。一方、オンラインにおける商業活動は広告が推進しているわけで、収益を大きく引き下げるようなエージェントを利用する可能性は低いとラニアーは考えた。だから、ふたつの組織で働き、賄賂《わいろ》が効くエージェントとなる可能性が高く、「エージェントが誰のために働いているのか、明確にならない」と主張した。

言いたいことはあきらかで、この嘆願に耳をかたむける人もいた。オンラインのニュースグループで若干の討論がおこなわれたが、結局、インターネット草創期の大手ソフトウェア企業を納得させることはできなかった。彼らが賛同したのはネグロポンテのロジックだった。つまり、デジタルな干し草の山を上手にふるい、金塊を得る方法をみつけた企業が未来を手に入れるというわけだ。個人が直面する情報の選択肢は無限に増えつづけており、注意力の限界が来ることは目にみえていた。そこで儲けたいなら人々に賛同してもらう必要がある。そして、注意力が崩壊する世界で人々に賛同してもらうためには、一人ひとりの興味や希望、必要性に訴えるコンテンツを提供するのが一番である。こうして、関連性という言葉がシリコンバレーの廊下やデータセンターでもてはやされるようになった。

皆が競って「インテリジェントな」製品を発表した。レドモンドのマイクロソフトはボブ。エージェントをコンセプトとしたオペレーティングシステムで、ビル・ゲイツによく似たマンガチックなアバターが登場する。iPhone発売までまだ10年ほどもあるクパチーノのアップルからはニュートン。これは「パーソナルなデスクトップアシスタント」で、その売りは、ベージュ色の表面のすぐ下にエージェントが待機していることだった。

しかし、インテリジェントな製品の評価はさんざんだった。チャットでもメーリングリストでもボブは酷評の嵐だった。使ってみたがこれはひどいという評価がずらり。PCワールドのテクノロジー製品歴代ワースト25に選ばれたほどだ[6]。アップルのニュートンも似たり寄ったりの状況だった。1億ドルを超える開発費が投じられた製品だが[7]、発売から6カ月間たっても売上は悲惨だった。90年代半ばのインテリジェントなエージェントはスマートとは言いがたいレベルだったからだ。

それから10年あまりがたったいま、世の中にインテリジェントなエージェントの姿はない。ネグロポンテが提唱したインテリジェントなエージェントの革命は失敗に終わったかに見える。毎朝、今日の予定や希望をe執事に確認するようにはならなかった。

だからといって、エージェントが存在しないわけではない。隠れて存在しているのだ。我々が訪問するウェブサイト一つひとつの陰に、パーソナルでインテリジェントなエージェントがひそんでいる。どんどんスマートでパワフルになり、情報を大量に集積して、我々がどういう人間でなにに興味を持っているのかを把握している。ラニアーが予想したように、このエージェントは我々のためにだけ働いているわけではない。グーグルなどの大企業のためにも働いており、個々のユーザーに合わせたコンテンツに加えて広告を提示する。ボブと違ってマンガチックな人物は登場しないが、オンラインにおける我々の行動に大きな影響を与えるようになりつつある。

１９９５年、パーソナルな関連性を提供する競争は始まったばかりだった。そして、この競争こそが、いま、我々が知るインターネットを形づくってきたのだと思う。

ジョン・アーヴィング問題

関連性を活用すれば数十億ドル規模の利益があげられるとごく早い段階で気づいたひとりが、

アマゾンCEOのジェフ・ベゾスだ。１９９４年には、オンライン書店を「昔の小さな個人商店のようにしたい。主人が客の好みをよく把握しており、『ジョン・アーヴィングがお好きでしたよね。でしたら、こちらの新人作家などはいかがですか？　アーヴィングとよく似た作風だと思いますので』などと言ってくれる店にしたい」というビジョンを掲げたと伝記作家に語っている。[8]理念はわかるが、どうしたら大規模に実現できるのだろうか。客と本を瞬時にマッチングできるアルゴリズムを使い、「ちょっとした人工知能企業」にならなければならない[9]とベゾスは考えた。

１９９４年、若手コンピューター研究者としてウォールストリートで働いていたベゾスは、とあるベンチャーキャピタリストの依頼で、急成長していたウェブで展開する事業のアイデアを検討した。検討は体系的に進めた。音楽、衣料品、電気製品など、オンラインで販売可能と思われる製品を20種類リストアップし、各業界の状況を細かく調査したのだ。そして、候補リストの最後尾でスタートした書籍が最後はトップとなったことにベゾスは驚いたという。[10]

書籍には理想的な条件がいくつかあった。まず、最大の出版社、ランダムハウスでさえ市場の10％しか占めておらず[11]業界が寡占状態にないため、新規参入がしやすい。本を卸してくれない出版社がひとつくらいあってもまったく困らないのだ。オンライン購入に対する抵抗感がほかの製品より少ないだろうとも考えられた。従来型書店以外でも多くの書籍が売られていたし、衣料品などと違って試着の必要もない。しかし最大の魅力は種類が豊富なことだった。１９９４年の時点で売られていた書籍は３００万種類。これに対してCDは30万種類だった。[12]これほど多くの書籍をリアル店舗でそろえることはまずできないが、オンライン店舗なら可能だ。

この結果はベンチャーキャピタリストに報告したが気に入られなかった。書籍というのが情報化社会に逆行するイメージだったからだ。だが、ベゾスはこのアイデアをあきらめられなかった。物理的な制限がないということは、ボーダーズやバーンズ&ノーブルなどの有名大型書店よりはるかに豊富な品ぞろえができる。しかも、大手チェーンよりずっと親密でパーソナルな体験が提供できる。

だからベゾスは、本をみつける過程の改善をアマゾンの目標とした。パーソナライズされた書店、本をみつける手助けをしてくれる書店、適切な本を紹介してくれる書店にするのだ。どうすれば実現できるのだろうか。

ベゾスは、コンピューターが過去から学んで自らの動作を改良してゆく機械学習に目を付けた。機械学習というのは難しい問題だが、MITやカリフォルニア大学バークレー校などが1950年代から研究をおこなっていた。「サイバネティックス」と呼ばれる分野だ。[13] これはプラトンの言葉で、民主主義などの自律するシステムをさす。サイバネティックスの研究では、フィードバックによって自分自身をチューニングしてゆくシステムの構築が熱心に進められた。そして、アマゾンが成長する源泉となった数学的・理論的な基礎が作られてゆく。

1990年、ゼロックス社パロアルト研究所(PARC)がサイバネティックス的な考え方を新しい問題に応用する。PARCはグラフィカルユーザーインターフェースにマウスなど、他社が実用化して世の中に普及するさまざまなアイデアを出すところとして知られている。[14] 最先端技術を取り扱う者として当然だが、当時、ＰＡＲＣの研究者も電子メールのパワーユーザーとなっていた。毎日、何百通もの電子メールを送受信していたのだ。とても便利だったが、問題があることもすぐあきらかになる。どれほど多くの人にメッセージを送ってもコストがほとんどかからないため、無用な情報が山のように届くのだ。

この状況に対応するため、ＰＡＲＣでは、コラボレーティブフィルタリングというプロセスを開発し、[15] タペストリー（Tapestry）というプログラムに組みこんだ。タペストリーは、どのメールを開いたか、どのメールに返信したか、どのメールを削除したかなど、人々が大量の電子メールをどう処理しているのかを追跡し、その情報を使って受信箱の内容を整理する。多くの人が対応した電子メールはリストの上に浮上し、削除されたり開かれずにおわったりすることが多い電子メールは下に沈む。コラボレーティブフィルタリングは時間を節約してくれるものだと言える。電子メールの山を自分で整理するかわりに、ほかの人々の情報からある程度の整理ができるわけだ。

もちろん、これは電子メール以外にも応用できる。タペストリーは「流入する電子的な文書であればどのようなものでも取り扱うことができる。電子メール以外にも、ニュースサービスやネットニュースの記事などが考えられる」と開発者自身が書いている。[16]

このようにタペストリーでコラボレーティブフィルタリングが登場したが、１９９０年当時、あまり注目を集めなかった。インターネットはまだ数百万人しかユーザーがいない小さな生態系であり、整理しなければならないほど情報が多くもなければ、それほど多くの情報をダウンロードできる帯域もなかった。そのため、その後しばらくのあいだ、ソフトウェア研究者や暇な学生くらいしかコラボレーティブフィルタリングを使う人はいなかった。活用例として、ringo@media.mit.edu がある。1994年ごろ、好きなアルバムを書いたメールをこのアドレスに送ると、推奨する音楽がレビューとともに返送されたのだ。ウェブサイトには「受けとったメッセージは1時間ごとに処理し、必要に応じて返信をおこないます」と書かれていた。[17] これはブロードバンド以前の時代におけるパーソナライズされた音楽サービスで、いまならパンドラにあたるものだと言える。

　この状況を大きく変えたのが、1995年に登場したアマゾンである。アマゾンには、最初からパーソナライゼーションが組みこまれていた。どの本がどのように買われるのかを観察するとともにPARCが開発したコラボレーティブフィルタリングの手法を使い、アマゾンは、瞬間瞬間にお勧めの本を選ぶことができた（『サルでもわかるフェンシング』を買われるのですか？　では、『突然の失明——目の傷害に対する訴訟』もあわせてお買いになりませんか？）。また、各ユーザーの購買挙動を長期にわたって追跡し、購買行動が似ているユーザーを割りだすこともできた（同じような趣味をお持ちの方々は、今週の新刊、『アンギャルド！』をお買いになりましたよ？）。アマゾンで本を買う人が増えるほどパーソナライゼーションの精度はあがる。

アマゾンは顧客数が1997年に100万人を突破。その6カ月後には200万人に達した。そして2001年、四半期の業績がはじめての黒字に転換する。オンラインから膨大な利益があげられると証明したのだ。

アマゾンに地元書店と同じ雰囲気はないと思うかもしれないが、パーソナライゼーションがうまく働いていることはまちがいがない。パーソナライゼーションによる収益をたずねられるとアマゾン役員は一様に口をつぐむが、成功の大きな要因であることは認めている。

アマゾンは、あらゆる機会をとらえてユーザーからデータを集めようとする。たとえばキンドルで本を読むと、どこをハイライトしたのか、どのページを読んだのか、また、通読したのか行ったり来たりしたのかといった情報がアマゾンのサーバーに送られ、次に購入する本の予測に用いられる。キンドルを使い、ビーチで電子書籍を読んだ翌日にログインすると、読んだものに応じてサイトが微妙にカスタマイズされる。ジェームズ・パターソンの新刊をずっと読んでいて、ダイエット本はチラ見しただけなら、スリラー系の本が増え、健康系が減ったりするわけだ。[18]

ユーザーがパーソナライゼーションになじんだことをうけ、アマゾンは、新たな収益源として逆のトリックを使いはじめた。リアル書店の場合、出版社がお金を払えば店頭に商品を並べてもらうことはできるが、店員を買収して意見を変えさせることはできない。しかしラニアーが予想したように、アルゴリズムなら簡単に買収できる。アマゾンにお金を払えば、ソフトウェアが「客観的」におこなったかのように自社の本を推奨してもらえるのだ。[19]どちらなのか、ユーザー側からは判断のしようがない。

業界を支配するほどの力が関連性から得られることはアマゾンが証明した。オンラインの情報全体に機械学習という原理を応用したのは、スタンフォード大学の大学院生、ふたりだった。

クリック信号

ジェフ・ベゾスのアマゾンが軌道に乗りつつあるころ、のちにグーグルを創設するラリー・ページとサーゲイ・ブリンのふたりはスタンフォード大学の博士課程にいた。ふたりともアマゾンの成功を見ていた。1997年はドットコムバブルの最盛期で、アマゾンは（少なくとも書類上）数十億ドルの価値があった。ページもブリンも数学が得意だった。特にページは人工知能に強く惹かれていた。ただ、興味を引かれた問題がアマゾンなどとは異なっていた。製品を効率よく売るためにアルゴリズムを使うのではなく、ウェブにある膨大な数のサイトを整理するのに使ったらどうだろうと考えたのだ。

ページは画期的な方法を考えつき、ギークらしい語呂合わせでそれをページランク（PageRank）と呼んだ。そのころウェブ検索はキーワードでソートされていたが、検索語との関連性によるページの順位付けがうまくできていなかった。1997年の論文で、ブリンとページは、検索エンジンの大手4つのうち3つが、自サイトを検索結果のトップ10に返せなかったと指摘する。「『関連性』という概念に含めるのは、関連性がごく高い文書のみにすべきだと考える。多少なりとも関連のある文書なら万単位で存在しうるからだ」[20]

リンクで構成されるウェブには、当時の検索エンジンが活用していないデータがたくさんあることにページは気づいた。別のページへリンクを張るというのは、そのページに「投票」するようなものだ。大学教授は自分の論文が引用された回数から論文の重要性を大まかに見積もる。同じように、そのページを引用するページが多いもの――たとえばヤフーのトップページなど――は「重要性」が高く、そういうページが投票したページも重要性が高いと考えてよいのではないか――そう、ページは考えた。このプロセスは「ウェブに特有の民主的構造を活用」するものだとページは言う。

当時のグーグルはgoogle.stanford.eduというドメインで動いており、ブリンもページも、広告なしの非営利で運用すべきだと考えていた。「広告を収益源とすればどうしても広告主寄りの検索エンジンとなり、消費者のニーズに背を向けてしまうと我々は考える。検索エンジンがよくなれば、広告が少なくても消費者は欲しいものをみつけられる……広告という問題は功罪両面があり、透明で競争力のある検索エンジンを大学内に置くことが重要だと我々は考える」[21]

このベータサイトが公開されると、トラフィックが垂直上昇する。グーグルはとてもうまく機能した。そのままでインターネットの検索サイトとしてベストな状態だったのだ。その後まもなく、これをスピンオフして事業化するという誘惑が二十代の若者ふたりにあらがえないほど強くなる。

グーグル神話において、世界の頂点に上りつめた要因はページランクだとされている。これは、そういうことにしたいとグーグルが考えた結果ではないだろうか。創業者の一方が実現した天才的なひらめきが検索大手の成功をもたらしたとしたほうがシンプルでわかりやすいからだ。しかし当初より、ページランクはグーグルのプロジェクトのごく一部を占めていたにすぎない。ブリンとページがみつけたことの肝は違う――関連性で鍵を握るもの、ウェブにある大量のデータを整理するソリューションとは……もっと多くのデータであるという認識だ。

ブリンとページが興味をもったのは、ただ、どのページがどのページにリンクされているかだけではない。ページ上のどこにリンクが置かれているか、リンクのサイズ、ページの古さなど、さまざまな要素を考慮している。データに埋めこまれたこのような手がかりを、グーグルでは「信号」と呼ぶようになる。

ページとブリンは、最初から、検索エンジンのユーザーから重要な信号が得られるはずだと考えていた。誰かがたとえば「ラリー・ページ」を検索し、2番目のリンクをクリックした場合、それも投票の一種だと考えられる。その検索をした人にとって、2番目のリンクのほうが最初のリンクよりも関連性が高いと示しているわけだ。これは「クリック信号」と呼ぶことにした。「特におもしろい研究領域として、いまのウェブシステムから得られる膨大な利用データの活用に関するものが挙げられるだろう……このデータは入手がとても難しいが、その主因は商業的に価値があると考えられているからだ」[22]と、ふたりは論文に書いたが、そのすぐあとには、このデータをいくらでも手に入れられる立場となるわけだ。

データについてグーグルは食欲旺盛である。ブリンとページはあらゆるものを記録しておくことにした。検索エンジンがアクセスしたウェブページ、ユーザーがおこなったクリックなど、すべてを保存することにしたのだ。その結果、グーグルのサーバーは、ウェブのほぼ全体をリアルタイムにコピーしたものとなる。このデータを探ればさまざまな手がかりが、もっと多くの信号がみつかり、検索結果を改善することができる。グーグルの検索品質部門は諜報機関のような雰囲気を帯びた——部外者の訪問はほとんどなく、極端な秘密主義に覆われたのだ。[23]

「究極の検索エンジンとは、ユーザーが意図した内容を正確に把握し、求めるものを返せるものをいう」[24]——ページが好んで口にする言葉だ。グーグルは、数千ものリンクを返したいわけではない。結果として返したいのはひとつだけ。ユーザーが本当に求めるひとつだけなのだ。しかし、人によって理想の答えは異なる。たとえば「パンサー」という検索をするとき、わたしならたぶん猫科の猛獣をイメージしているだろうが、フットボールファンならサウスカロライナのチームのつもりだろう。最高の関連性を提供するためには、一人ひとりがなにに興味をもっているのかを知る必要がある。わたしがフットボールについてほとんどなにも知らないことを把握する必要があるし、わたしがどういう人間であるのかを把握する必要がある。

ここで問題となるのは、ユーザーごとに関連の深いものを把握できるだけのデータを集めることだ。他人が言わんとしていることを把握するのは難しい。これをきちんとおこなうためには、その人物の言動をかなりの期間、観察する必要がある。

具体的にはどうすればいいのだろうか。グーグルは2004年に画期的な戦略を思いつく。ログインが必要なサービスを始めたのだ。まずは大人気となったGmail。電子メールのサービスだ。報道ではサイドバーに広告が表示される点が大きく取りあげられたが、それがサービスの主眼だとは思えない。ログインしてもらえば膨大なユーザーデータが手にはいる。毎日、億単位で送受信される電子メールのデータだ。このメールと、検索エンジンから飛んだサイトにおける行動を組みあわせて検討することもできる。オンラインでワープロと表計算の機能を提供するグーグルアプリには目的がふたつあった。ひとつはグーグルが敵だと公言してはばからないマイクロソフトの力を弱めること。もうひとつは、ユーザーにログインさせ、クリック信号を送らせる仕掛けである。このようなデータを活用し、グーグルは、各ユーザーがどういう話題に興味があり、どのリンクをクリックするのかなど、ユーザー一人ひとりのアイデンティティを特定する理論を構築していった。

こうしてグーグルは、2008年11月には、ある個人がどういうグループに属しているのかを特定し、そのグループの傾向に合わせて検索結果をカスタマイズするパーソナライゼーションのアルゴリズムについて数多くの特許を所有するようになっていた。グーグルは細かなグループ分けを考えている。特許の実施例にグーグルは「古代のサメの歯に興味がある人のグループ」と「古代のサメの歯に興味がない人のグループ」を挙げていた。[25] 前者は「Great White incisors」（ホホジロザメの歯）などの検索をしたことのある人で、後者とは返ってくる検索結果が異なるそうだ。

いまもグーグルは手に入れられるかぎりの信号を我々から得ようとしている。このデータにはすさまじい力がある。たとえば、ログインの場所がニューヨーク、サンフランシスコ、ニューヨークと変化すれば、わたしが東海岸と西海岸を行ったり来たりする人物だとわかり、そういう人向けの結果に調整することができる。使用しているブラウザーからは年齢がある程度推測できるはずだし、政治的な傾向もつかめる可能性がある。

検索してからリンクをクリックするまでの時間は、その人の性格に対するヒントとなる。そしてもちろん、検索語は、なにに興味を持っているのかを雄弁に物語ってくれる。

ログインしていない人の検索結果もパーソナライズされている。ログインすると位置情報がグーグルに送られるが、これも、あなたがどういう人でなにに興味を持っているのかを示す有力な情報だ。ウォールストリートにいる人が「Sox」を検索すれば、それはおそらく財務関係の法律、「サーベンス・オクスリー」の略称だろう。一方、スタテンアイランドのアッパーベイ地区にいる人なら、おそらくは野球関係だろう。

２００９年にページはこう語っている。「世間では、検索にこれ以上、工夫の余地はないと考えられているようです。そんなことはありません。ゴールまでの道のりの５％ほどしか進んでいないのではないでしょうか。我々としては、あらゆるものを理解できる究極の検索エンジンを作りたいと考えています……人工知能と呼んでもいいでしょう[26]」

２００６年のグーグル・プレスデーでは、ＣＥＯのエリック・シュミットが5カ年計画を発表した。いつの日か「どの大学にゆくべきでしょうか？」といった質問にも答えられるようになることが目標なのだそうだ。「このような質問に部分的にでも答えられるようになるまで、まだ、何年もかかるでしょう。しかし、最終的には……もしこうだったらといった仮定的な質問にもグーグルは答えられるようになるのです[27]」

どこでもフェイスブック

グーグルはずばぬけたアルゴリズムを持つが、ユーザーに興味関心を提出してもらうことが難しい。２００４年2月、マーク・ザッカーバーグは、ハーバード大学の寮の自室でもっと簡単なやり方を思いついた。クリック信号から手がかりを探して人々の興味関心を推測するのではなく、聞いてしまえばいいのだ。こうして生まれたのがフェイスブックである。

ザッカーバーグは大学にはいったころから、「ソーシャルグラフ」と彼が呼ぶものに強く興味を引かれていた。ソーシャルグラフは人間関係を表す図だ。このデータをコンピューターに入力すると、いろいろなことがわかる。友人がなにをしようとしているのか、いまどこにいるのか、なにに興味をもっているのかなどがわかるのだ。ニュースにも影響を与えるだろう。ハーバード学内向けだったころのフェイスブックでは、学内紙クリムゾンの記事に登場するとその人の個人ページへリンクが自動的に張られる仕組みになっていた。

フェイスブックよりも前にソーシャルネットワークはいくつもあった。ザッカーバーグが毎朝少しずつサイトに工夫を加えていたころは、音楽を中心としたマイスペース（MySpace）の人気が急上昇していた。マイスペースの前にはフレンドスター（FriendSter）が技術系の人から注目を集めた時期があった。ザッカーバーグがめざしていたのは、タイプが異なるウェブサイトだ。フレンドスターと違い、参加するのがちょっと恥ずかしい出会い系ではなかった。もとからの知り合いかどうかは関係なく友達を増やすことを推奨するマイスペースとも異なり、現実世界の社会的つながりを重視するものだった。それまでのものと違い、フェイスブックは簡素だった。見栄えのよいグラフィックスや文化的な雰囲気ではなく、情報を重視した。これを「我々は公益事業だ」という言葉でのちにザッカーバーグは表現している。[28] フェイスブックはナイトクラブよりも電話会社に近く、コミュニケーションやコラボレーションがおこなえる中立的なプラットフォームだったのだ。

フェイスブックは立ち上げ当初から人気が野火のように広がった。アイビーリーグの一部キャンパスをカバーしたころには、自分たちのキャンパスもサポートしてほしいというリクエストが山のように届くようになった。２００５年5月にはフェイスブックが使えるキャンパスが８００を突破。そして9月、ニュースフィードの導入でフェイスブックは新たな次元に突入する。

フレンドスターでもマイスペースでも、友達がなにをしているのかを知りたければ友達のページを訪れる必要がある。これに対してフェイスブックに導入されたニュースフィードは、膨大なデータベースから「友達」の更新情報を引きだし、ログイン時に提示してくれる。ウェブページのネットワークだったフェイスブックが、友達を主役にパーソナライズされた新聞（を友達が作る場）に変身したのだ。関連性の源として、これ以上に純粋なものはまずないだろう。

わき出る量も多かった。２００６年にフェイスブックのユーザーがおこなったアップデートは哲学的な言葉からデート相手のあれこれ、朝食のメニューなど、10億単位にのぼった。ザッカーバーグらのチームは、この流れをあおる。多くのデータを提供するほどユーザーのフェイスブック体験は充実したものになるし、そうなればなるほど多くのユーザーがくり返しフェイスブックにアクセスするようになるからだ。ザッカーバーグらは早い段階で写真をアップロードする機能を付加し、その結果、フェイスブックは写真の量で世界一となった。他のウェブサイトからリンクを張ることも推奨し、何百万人ものユーザーがリンクを張った。２００７年、ザッカーバーグは誇らしげにこう語った。「１９００万人のユーザーに対して我々が1日に制作するニュースは、他のメディアが創業以来の累積で制作してきたニュースよりも多い[29]」

ニュースフィードは当初、友達の行動をほぼすべて表示する形になっていた。しかし友達の人数とその投稿量が増えるにつれ、フィードは読むのが難しくなってゆく。友達が100人程度でも読みきれるものではない。

対策としてフェイスブックはエッジランク（EdgeRank）を導入した。デフォルトのページ、トップのニュースフィードを動かすアルゴリズムだ。エッジランクでは、サイトとのやりとり一つひとつにランキングをつける。計算は複雑だが基礎となる考え方はシンプルで、みっつの因子がベースとなっている。[30] ひとつめは親近性。仲がよいほど、つまり、プロフィールの確認ややりとりに時間を使うほど、その相手のアップデートがフィードに登場する可能性が高くなる。ふたつめはコンテンツタイプの相対的な比重である。たとえば、交際ステータスのアップデートには大きな重みが付けられる。誰とデートしているのかは皆が興味を持つことだからだ（この重みもパーソナライズされているはずだと考える人も多い。人によって興味を持つコンテンツが異なるからだ）。みっつめは時間。古い投稿より新しいもののほうが重視される。

エッジランクは、関連性レースの中心にパラドックスがあることを示している。関連性を提供するため、パーソナライゼーションのアルゴリズムはデータを必要とする。しかしデータが増えると、そのデータを整理するためにフィルターを進化させる必要がある。これは終わることのないサイクルだ。

2009年、フェイスブックのユーザー数は3億人を突破し、[31] なお、毎月1000万人のペースで増えている。ザッカーバーグは、書類上、25歳で億万長者の仲間入りをした。しかしフェイスブックの夢はもっと大きい。社会的情報に対するニュースフィードでおこなったと同じことをあらゆる情報についておこないたいとザッカーバーグは考えている。明言されてはいないが、彼の目標はあきらかだ。フェイスブックのユーザーが提供する膨大な情報とソーシャルグラフを活用し、フェイスブックのニュースアルゴリズムエンジンをウェブの中心に据えたいのだ。

いずれにせよ、２０１０年４月21日、ワシントン・ポスト紙のホームページ[32]にアクセスした人は、そこにフェイスブックの友達を認めて驚いたはずだ。読者の目が最初に行くと定評のある右上のコーナーがネットワークニュースというものになっていた。そのボックスにはアクセスした人ごとに違うリンクが表示される——フェイスブックで友達が共有《シェア》しているワシントン・ポストのリンクが表示されるのだ。トップページというもっとも貴重なオンライン資源の一部がフェイスブックに任されたわけだ。ニューヨークタイムズも、すぐあとに続いた。

この機能は、フェイスブックが毎年開いている会議、f８《フェイト》で発表した「どこでもフェイスブック」という仕組みの一部だった。「めちゃくちゃすごい」という表現でスティーブ・ジョブズがアップルを売りこんで以来、シリコンバレーではもったいぶった表現がよく使われるようになった。しかし、２０１０年４月21日にザッカーバーグが語った言葉には現実味が感じられる。「これは、ウェブ史上随一の変革です[33]」

どこでもフェイスブックの目的はシンプルだ。ウェブ全体を「ソーシャル」とし、フェイスブック型のパーソナライゼーションを何百万ものサイトにもたらそうというのだ。フェイスブックの友達がどういう音楽を聞いているのか？　それをパンドラから知ることができる。友達が気に入っているレストランはどこだろうか？　それをイエルプから知ることができる。ハフィントン・ポストからワシントン・ポストまで、ニュースサイトもパーソナライズされる。

フェイスブックは、ウェブにあるどのようなものに対しても「いいね！」ボタンが押せるようにした。このサービスが始まって24時間で10億回も「いいね！」ボタンがクリックされ、そのデータがフェイスブックのサーバーへと流れた。フェイスブックでプラットフォーム部門を率いるブレット・テイラーによると、毎月、２５０億項目もの共有《シェア》がおこなわれているという。[34] グーグルは関連性の推進について誰もが認めるリーダーだったが、それをフェイスブックが猛烈に追い上げている状況だ。

両巨頭はいま、火花を散らす戦いをくり広げている。フェイスブックはグーグルから役員をひき抜くし、グーグルはフェイスブックのようなソーシャルソフトウェアをやっきになって作っている。ただ、考えてみると、新しいメディアの巨頭同士がなぜ戦争をしなければならないのか不思議な気もする。グーグルは質問に答えることを中心に発展してきた企業であり、フェイスブックは「人々が友達とつながることを支援する」をコアなミッションとする企業だからだ。

問題は、両者とも、関連性の高いターゲット広告を収益源としていることだ。グーグルは、検索結果およびウェブページに表示するコンテンツ連動型広告しか大きな収益源がない。フェイスブックは財務を非公開としているが、内部情報によると、収益の中心は広告だという。グーグルとフェイスブックは異なる地点からスタートし、異なる戦略を採用した。一方は情報のかけらが持つ関係性からスタートし、もう片方は人々の関係性からスタートしたわけだが、広告という同じ財布を奪い合っているのだ。

オンライン広告を出稿する側にとって問題はシンプルだ。支払った広告費に対してリターンが大きいのはどちらなのか、である。ここに関連性が絡んでくる。フェイスブックやグーグルが集積した膨大なデータには使い道がふたつある。ユーザーにとっては自分と関連の深いニュースや検索結果を得る鍵となる。広告主にとっては買ってくれる見込みの高い客をみつける鍵となる。つまり、データを多く集め、それを上手に使うほうの会社が広告費を獲得するのだ。

固定化という問題もある。固定化というのは、ユーザーにとって、投資が大きくなると競合他社から優れたサービスが提供されても乗り換えない方がよくなることをさす。フェイスブックを使っているなら、ほかのソーシャルネットワーキングに乗り換えるとしたらなにをしなければならないのかを想像してほしい。新しいサイトのほうが高機能でも話は同じだ。大変な作業になる。プロフィールを入力しなおさなければならないし、写真もアップロードしなおさなければならない。友達の名前も入れなおさなければならない。うんざりするだろう。そう思うあなたは固定化されているわけだ。同じように、Ｇｍａｉｌ、Ｇｃｈａｔ、グーグルボイス、グーグルドキュメントなどは、グーグルが固定化のために提供しているものだ。グーグルとフェイスブックの戦いは、固定化するユーザーの数を競うものだとも言える。

固定化については、メトカーフの法則と呼ばれるものがある。コンピューターをつなぐイーサネットプロトコルを発明したロバート・メトカーフが提唱した法則だ。この法則によると、ネットワークの価値は人が増えるたびに増えてゆく。知り合いのなかで自分だけがファックスの機械を持っていてもあまり意味がないが、逆に、皆が持っているなら自分だけ持っていないのは大きなマイナスとなる。固定化はメトカーフの法則の暗黒面である。フェイスブックは知り合いの多くが使っているから有用なのだ。この事実はよほどのことがないかぎりくつがえらない。


固定化されたユーザーが増えるほど、皆、気軽にログインするようになる。そして常時ログインするようになると、その人の行動は、ほかのウェブサイトにおけるものも含めて追跡することが可能になる。Ｇｍａｉｌにログインした状態で、ダブルクリックというグーグルの広告サービスを使っているウェブサイトにアクセスすると、その情報があなたのアカウントに入力されるのだ。このようなサービスはまた、追跡に使うトラッキングクッキーをコンピューターに記憶させ、あなたの個人情報に基づく広告を第三者のサイトで表示するといったこともできる。ウェブ全体がグーグルやフェイスブックのプラットフォームとなるわけだ。

ただし、グーグルとフェイスブックだけがこのようなことをしているわけではない。業界誌やブログではグーグルとフェイスブックの争いに注目が集まっているが、この戦いにそっと参入しつつある第三勢力がある。目立たないよう、そっと展開しているところが多いが、実は、この第三勢力がパーソナライゼーションの最終的な未来を左右する可能性もある。

データ市場

同時多発テロの犯行グループを特定する作業は、かつてないほど大がかりなものだった。犯行直後は計画の規模さえもわからず、大混乱となった。ほかにもハイジャックがあるのか？　犯行グループの規模は？　テロから3日間、CIAやFBIを初めとするさまざまな機関が24時間体制で、犯行グループの全容をあきらかにする作業を進めた。飛行機はすべて飛行禁止、飛行場はすべて閉鎖された。

支援は思わぬところから届いた。9月14日、FBIはハイジャック犯の名前を発表し、犯人らに関する情報提供を呼びかけた――いや、懇願したと言うべきかもしれない。ともかく、その日、FBIはマック・マクラーティという人物から連絡をもらう。元ホワイトハウス職員で、アクシオムというあまり知られていないがすさまじい利益をあげる企業の取締役だった。

ハイジャック犯が公表されると、アクシオムではデータバンクの検索がおこなわれた。同社がアーカンソー州コンウェイに持つ総面積2万平方メートルという膨大なものだ。そして、犯行グループについて多くのデータを発見する。19名のハイジャック犯のうち11名について、その経歴や現住所、同居している人々の名前など、米国政府も知らなかったことが数多く判明したのだ。[35]アクシオムが政府に提出したファイルにどういう情報が含まれていたのかは、おそらく永久にわからないままだろう（その情報が強制退去や起訴に結びついたというアクシオム役員の証言はあるが）。しかし、米国世帯の約96％と世界5億人ほどの人々についてアクシオムが把握している情報はわかる。家族の名前、現在および過去の住所、クレジットカードの支払い頻度、犬や猫を飼っているか否か（飼っている場合はその種類）、右利き・左利きの別、常備薬（医療記録より）……約1500種類ものデータがそろえられている。

アクシオムは表舞台にでてこない。社名が英語として発音しにくいものとなっているのも偶然ではないだろう。ともかく、同社はクレジットカード大手（10社中9社）はもちろん、マイクロソフトからブロックバスターにいたる全米有数の大企業を数多く顧客にもつ。[36]「当社は、データという製品をつくるオートメーション工場のようなものです」と、とある社員は語ったという。[37]

未来についてアクシオムがどういうビジョンを掲げているのかは、トラベロシティ（Travelocity）やカヤック（Kayak）といった旅行情報の検索サイトについて考えてみればわかるかもしれない。あのようなサイトはどこから収益を上げているのか不思議に思ったことはないだろうか。カヤックの場合、収益源はふたつある。片方はわかりやすい。旅行代理店全盛期の名残だ。カヤック経由で航空券を買うと、航空会社からサイトに多少の紹介料が支払われるのだ。

もう片方は少しわかりにくい。フライトの検索をおこなうと、カヤックからコンピューターにクッキーが送られる。その実体は小さなファイルで、「東海岸と西海岸を往復する安い航空券がほしい」と書かれた付せんがひたいに貼られるようなものだ。このデータをカヤックは、アクシオムやそのライバル会社、ブルーカイに売る。アクシオムなどの企業はこれをオークションにかけ、もっとも高い値段を入札したところに売る。この場合なら、ユナイテッドなどの大手航空会社だろうか。[38] あなたがいま関心を抱いていることを把握したユナイテッドは、関連のありそうなフライトの広告を提示する。カヤックのサイトはもちろん、あなたが訪問するほとんどすべてのウェブサイトで、だ。このプロセス全体――あなたからデータを収集し、ユナイテッドに販売するまで――は、1秒以内に終了する。[39]

このやり方は「行動リターゲティング」と呼ばれる。オンラインのショッピングサイトでは訪問者の98％がなにも買わずに立ち去る。[40] リターゲティングの登場で、そのような場合にも多少の収益が上げられるようになったわけだ。

たとえば、ランニングシューズをオンラインでチェックしたが、結局買わずに終わったとしよう。このサイトがリターゲティングを採用していた場合、その店の広告――おそらくは買おうかと迷ったスニーカーの写真がはいった広告――を、前日におこなわれた試合の結果やお気に入りのブログなど、インターネットのあらゆるところで見るようになる。その誘惑に負けて商品を買ったらそれで終わりだろうか？　そんなことはない。その商品を買ったという情報がサイトからブルーカイに売られ、オークションにかけられる。これを買うのはスポーツ衣料のサイトだろうか。こうしてこんどは、インターネット上、どこへ行っても速乾性ソックスの広告を見ることになる。

このようにパーソナライズされた広告がついてまわるのはコンピューターを使う場合にかぎる話でもない。ループト（Loopt）やフォースクエア（Foursquare）など、携帯電話から取得したユーザーの位置情報を広告主に提供し、外出中の消費者にターゲット広告を提示できるようにするサイトもある。ループトが開発中の広告システムでは、得意客が店の入り口を通るとき、特別割引などの情報を携帯電話経由で提供することができる。たとえばまた、飛行機で各席に用意されたテレビに、ひとりずつ、違う内容を表示することもできる。航空会社は乗客の名前などの個人情報を持っているからだ。その情報とアクシオムなどのデータベースを掛けあわせれば、もっと多くのこともわかる。であれば、パーソナライズした広告を提示したほうがいいだろう。もちろん、見てもらえる可能性の高い番組を選んで提示することもできる。

このような情報処理をおこなう新興企業にターガスインフォ（TargusInfo）という会社があるが、そこは「年間620億以上の属性をリアルタイムに提供している」と胸を張る。[41] 客がどういう人間であるのか、なにをしているのか、なにを望んでいるのか……そういうデータを620億以上ということだ。ルビコンプロジェクト（Rubicon Project）というちょっと怖い名前の会社も、5億人を超えるインターネットユーザーのデータベースを持つという。[42]

いまのところリターゲティングを使用しているのは広告くらいだが、今後、出版社などのコンテンツプロバイダーが利用しないと考える理由はない。たとえば著名ブロガー、ペレス・ヒルトンのファンだとわかっていれば、あなたがアクセスしたときトップページにヒルトンのインタビューを載せるなどが考えられる。そうすれば、あなたがサイト内をあちこち読んであるく可能性が高まるからだ。

本章の話からわかるのは、あなたの行動が商品になったということだ。インターネット全体をパーソナライズするプラットフォームを提供する市場で取引される小さな商品に。ウェブは一対一の関係が集まったものだと考えられていた。自分とヤフーとの関係は好みのブログとの関係と別のものだと考えてよかった。しかしいつのまにか、ウェブはひとつにまとまりつつある。データの共有が利益になるとの認識が企業には広がりつつある。アクシオムとデータ市場を活用すれば、サイト同士が陰で相談し、消費者個人に関係の高い品物をプッシュできるからだ。

関連性を追求した結果、インターネットの巨大企業が生まれ、企業は我々のデータを少しでも多く集めようとし、オンライン体験は我々が気づかないうちに関連性に基づいてパーソナライズされつつある。ウェブというものの仕組みが変わろうとしているのだ。しかし、パーソナライゼーションの影響は、我々がニュースを消費するやり方や政治的な決定を下すやり方、さらにはどう考えるのかなどに関するもののほうが劇的である。このあたりを本書ではあきらかにしてゆく。

第二章
ユーザーがコンテンツ

十分かつ自由なコミュニケーションを妨げるものは、人を群れや徒党、反目しあう党派や派閥にわける障壁となり、その結果、民主的な暮らしを害することになる[1]。

——ジョン・デューイ

とてもすばらしい技術なので、人々は、自分に合わせてある程度カスタマイズされていないモノを観たり消費したりしたくないと思うようになるだろう[2]。

——グーグルＣＥＯ、エリック・シュミット

ガンメタルグレーに塗られた細長い低層のハンガー、マイクロソフトの第1ビルはカリフォルニア州マウンテンビューにある。すぐ裏手に101号ハイウェイがあって車がものすごい勢いで走っているため聞こえないが、そうでなければ、セキュリティ装置の超音波が聞こえてきそうな建物である。2010年のとある土曜日、だだっ広い駐車場にはBMWやボルボが数台あるだけだった。その脇では、強い風に背の低いパインツリーがたわんでいた。

内部には床がコンクリート打ちっ放しのホールがあり、ジーンズやブレザーのCEOが大勢、コーヒーを飲んだり、名刺を交換したり、いろいろな取引の話をしたりしていた。ほとんどは、すぐ近くのスタートアップを代表する人間だ。チーズスプレッドをすくっているのは、アクシオムやエクスペリアン（Experian）など、前日、アーカンソー州やニューヨーク州から現地入りしたデータ会社の人間だ。この日開催されたのはソーシャルグラフシンポジウム。参加者は100人にも満たなかったが、ターゲットマーケティング分野のリーダーや有名人が集まっていた。

ベルが鳴り、人々は小部屋に分かれて討議をはじめた。ある部屋では「コンテンツのマネタイズ」という戦いが取りあげられた。そして、どうみても新聞の分が悪いという結論にいたる。

多少なりとも注意を払っていた人なら、大きな流れはわかって当然だった。インターネットは、さまざまな形で新聞というビジネスモデルに強烈な打撃を加えた。どれかひとつでも致命的かもしれないほどの打撃だ。案内広告を無料で提供するクレイグスリスト（Craigslist）の登場で、180億ドルの収益がパァとなった。そこを埋めてくれるはずのオンライン広告は盛りあがらない。広告の世界には「広告費は半分が無駄だ。ただ、どちらの半分が無駄なのかがわからない」という有名な言葉がある。[3]この状況がインターネットの登場で大きく変わった。クリック率などの方法で計測が可能になり、どちらの半分が無駄なのか、わかるようになったのだ。こうして新聞業界が約束したほど広告効果が得られないとわかり、その分、広告予算が削られた。またそのころ、ブロガーやフリーランスジャーナリストがニュースコンテンツを無償で提供するようになり、新聞も同じことをオンラインでせざるをえなくなった。

しかしこの部屋にいた人々が注目したのは、ニュースという事業が生まれた前提自体が変わりつつあること、また、その変化を新聞社が無視していることだった。

昔のニューヨークタイムズはとても高い広告料が取れた。裕福でニューヨーク周辺に住み、ほかの人々に大きな影響を与える人々という上質な読者が集まっていると広告主が知っていたからだ。この集団に広告を届けたいなら、ニューヨークタイムズに頼るしか方法はないに等しかった。独占に近い状態でこのような読者の自宅に情報を届ける（そしてその財力を引きだす）経路は、ほかにはごくわずかあるだけだったのだ。

いま、これが大きく変わろうとしている。マーケティングのセッション[4]では、はっきりとこう言う人もいた。「新聞社は負ける一方だ。今後も負けつづけるだろう。なにもわかっていないかな」

高い料金を払ってニューヨークタイムズに広告を出稿しなくても、いまなら、アクシオムやブルーカイからデータを買えば、エリートコスモポリタンの読者を追跡できる。これは控えめに言っても、ニュースというビジネスのルールを根底から変えてしまう話だ。ニューヨークタイムズにお金を払わなくても、その読者に訴求ができる。オンラインにいるときにターゲット広告を出せばいい。言い換えると、上質な読者を得るために上質なコンテンツを作らなければならなかった時代は終わろうとしているのだ。

数字を見れば状況はあきらかだ。2003年、サイトに出稿された広告の料金は、ほとんどが記事や動画をオンラインに出しているところが受けとっていた。それが2010年には、わずか2割まで落ちた。[5] この差額は、データをもつ人々のところへ流れた——この日、マウンテンビューに集まった人々のところだ。この業界で有名なパワーポイントには、この変化の意義が簡潔に表現されている。「ほかのもっと安いところ」で上質な読者をターゲットとできるようになった結果、「有名新聞社は強みを失いつつある」というのだ。得るべきメッセージはあきらかだろう。いま注目すべきはサイトではなく、ユーザーなのだ。[6]

新聞社が自らを行動データ企業だと考えられなければ、新聞社は沈没する。そう考え、読者の嗜好に関する情報の提供をミッションとしなければ、つまり、パーソナライズされたフィルターバブルの世界に適応できなければ、新聞社は沈没する。

ニュースは、我々の世界に対する認識を形づくる。なにが重要なのかという認識を形づくる。直面する問題の大きさや特色、性格などの認識を形づくる。それだけではない。共通の体験や共通の知識という基礎として民主主義を支える。社会が直面する大きな問題をまず最初に理解しなければ、皆で協力して解決することは不可能だ。このことを近代ジャーナリズムの父、ウォルター・リップマンはこう表現している。「今日的な意義と信憑性を持つニュースが継続的に提供されなければ、民主主義に対して投げかけられた厳しい批判がすべて正しいことになる。事実を知ることのできない国民は、無能に無目的、堕落に不誠実、パニックに大災厄に見舞われるのだ」[7]

ニュースが大事であるなら新聞も大事だ。新聞は基本的にジャーナリストが書いているのだから。米国人の多くはローカルテレビや全国ネットのテレビからニュースを得ているが、報道や記事制作は新聞のニュース編集室が中心となっている。新聞がニュース経済の中核を担っているのだ。2010年においてさえ、ブログは新聞に信じられないほど強く依存している。ブログ記事からリンクを張られた記事の99%が新聞や放送ネットワークのもので、ニューヨークタイムズとワシントン・ポストだけでブログリンクの50%近くを占めるという(ジャーナリズムを研究・調査するピュー・リサーチ・センターPEJ調べ)[8]。ネット系メディアは重要性や影響力を強めつつはあるが、新聞各紙やBBC、CNNなどほど世の中に強い影響を与えるようにはなっていない。

しかし、シフトは進行している。インターネットが大きな力を解放し、誰がニュースを制作するのか、また、どのように制作するのかを根本的に変えようとしている。かつてはスポーツ欄だけが読みたくても新聞をまるごと1部買うしかなかったが、いまはスポーツ専門のウェブサイトにアクセスすれば、毎日、新聞10紙分に相当するコンテンツを読めるようになった。かつてはインクを樽で買える人でなければ100万もの人々に訴求することはできなかったが、いまはノートパソコンと斬新なアイデアさえあれば誰にでもできるようになった。

少し注意すれば、新たに登場しようとしている星の姿を知覚できる。いまわかっていることは次のとおりだ。

・制作と配信に要するコストは、文章、静止画、動画、音声とどのようなメディアであってもゼロにむかってどんどん下がりつつある。
・その結果、注意を払うべきものがあふれ、我々は「注意力の崩壊」に苦しみつづける。だからキュレーターが重要となる。今後は、どのニュースを消費すべきなのか、人間やソフトウェア製のキュレーターに決めてもらうことが増えてゆくだろう。
・プロの編集者は高コストだがプログラムは低コストである。プロではない編集者（友人や仲間）とソフトウェアを組みあわせて利用し、なにを観るのか、なにを読むのか、なにを見るのかを決めることが増えるだろう。このソフトウェアは、パーソナライゼーションの力に深く依存したもので、少しずつプロの編集者に取って代わるだろう。

市民参加型の民主的な形で文化を語る「市民によるニュース」が登場したとき、わたしを含め、インターネットを観察する人々は皆、大喜びした。しかし、未来は人よりもマシンの力を活用するものとなるのかもしれない。市民の力を活用した視点については画期的なことがいろいろと起きているが、その多くはニュースの将来的な姿を示すのではなく、移行期にあるという現状を示している。その典型例に「ラザーゲート」と呼ばれる事件がある。

2004年米大統領選の9週間前、ブッシュ大統領が軍歴をごまかしていた証拠の書類を入手したとCBSニュースが報じた。これをきっかけに、世論調査で後れを取っていたケリー候補が逆転するのではないかと思われたニュースだ。報じた『60ミニッツ』は人気の番組だ。アンカーマンのダン・ラザーは「本日、大統領の従軍に関する新しい文書と新しい情報を入手しました。また、当時、ジョージ・W・ブッシュをテキサス州空軍に入隊させる手配をしたという人物に、初めて、インタビューすることにも成功しました」と述べて、さまざまな事実を紹介した。

その夜、この件に関する記事の見出しをニューヨークタイムズが準備していたころ、フリーリパブリック・ドット・コム(FreeRepublic.com)という右派のフォーラムに、法律家で保守系活動家でもあるハリー・マクドゥーガルドから投稿があった。証拠となる文書の書体におかしな点があるというのだ。マクドゥーガルドは歯に衣着せなかった。「この文書はねつ造だと思う。15回もコピーして古そうに見せているだけだ。この件はしっかりと追及すべきだ」[9]

この記事はすぐに注目を集めた。ねつ造疑惑はパワーライン（Powerline）とリトル・グリーン・フットボールズ（Little Green Footballs）というふたつのブログコミュニティに飛び火。そちらでもまた、おかしな点が見つかった。翌日午後には、大きな影響力をもつドラッジ・レポート（Drudge Report）が、この文書の信憑性について大統領選の記者にインタビューした記事を掲載。そのまた翌日の9月10日には、AP通信、ニューヨークタイムズ、ワシントン・ポストなどの報道機関がこぞって取りあげた――CBSのスクープは事実と異なるかもしれない、と。そして9月20日、CBSの社長からこの件に関する公式見解が出された――「問題の文書が本物であると、今現在わかっていることからは確認できませんでした……あの文書は使わないでおくべきでした」[10]。本当のところブッシュ元大統領の軍歴がどうであったのかはわからずに終わったが、ジャーナリストとして世界有数の知名度をほこったラザーは、翌年、不名誉な形で引退に追いこまれる。

このラザーゲート事件は、ブログとインターネットがジャーナリズムをどう変えたのかという不朽の神話として語られることが多い。どのような政治信条をもつ人も、この話からは感銘を受けるだろう。自宅のコンピューターを武器に個人が真実を暴き、ジャーナリズムの巨人を倒して大統領選の行く末を変えたのだ。

しかし、このような見方では大事なポイントを見のがしてしまう。

この件をCBSが放映してからおそらくは偽造であると公式に認めるまでの12日間、ほかの放送系ニュースメディアは精力的な報道をおこなった。AP通信とUSAトゥデイ紙はその道のプロに頼んで文書を詳しく調べてもらった。CNNも最新情報を流しつづけた。この話は、米国人の実に65%、政治や報道に興味をもつ人々のほとんど全員が興味をもっていた。[11] ほかのニュースソースがCBSの視聴者をもカバーしていたからこそ、CBSはこの事件を無視できなかったのだ。マッチをすったのはマクドゥーガルドらかもしれないが、その炎を大きく燃えあがらせ、放送局が炎上する大火事にしたのは印刷メディアと放送メディアの力だ。

つまりラザーゲートは、オンラインと放送メディアの相互作用を示す好例なのだ。しかしここから、放送の時代が完全に終わったとき、どのような形でニュースが流れるのかはまったくと言っていいほどわからない。そのときにむかって我々はすさまじいスピードで進んでいるというのに。放送の時代が終わったあと、ニュースはどのような形になっているのか？　どのような形で流れるのか？　どのような影響力を持つのか？　このことを、我々はいま、考えてみなければならない。

もし、ニュースを形成する力がプロの編集者ではなくコードの手にゆだねられるのであれば、そのような仕事をコードに任せてよいのかを考えなければならない。ニュース環境が細分化され、マクドゥーガルドの発見を幅広い人々に届けることが不可能な状態になった場合、ラザーゲートのようなことはなくなってしまうのだろうか。

このような疑問に答える前に、いまのニュースシステムがどのような経緯で生まれたのかを簡単におさらいしておこう。

世間一般という聴衆の興亡

「西側民主主義の危機はジャーナリズムの危機である」[12]――1920年にリップマンが書いた言葉だ。両者は密接に絡みあっており、この関係の未来を理解するためには、まず、過去を理解する必要がある。

「世論」が存在しない時代があったことは、いまでは想像することさえ難しい。しかし、16世紀半ばでも、まだ、宮廷政治の世界だった。新聞は経済ニュースや海外ニュースしか取りあげず、ブリュッセルのフリゲート艦からの報告やウィーン貴族の手紙が活字に組まれ、ロンドンで商売をしている人々に売られていた。壁の外にいる人々の考えに意味があると進歩的な官僚が気づいたのは、近代的な中央集権国家が誕生し、国王に資金提供できるほど裕福な個人が生まれてからだった。

大衆の王国が興《おこ》り、また、そのメディアとしてニュースが興隆した背景には、水の輸送から帝国の問題など、個人の狭い体験に収まらない複雑な社会的問題の登場があった。もうひとつ、技術的な変化も要因のひとつだ。ニュースは伝達方法が伝達内容に大きな影響を与えるのだ。

語る言葉は目の前にいる人々を対象としてきた。それを大きく変えたのが、書かれた言葉――なかでも印刷機の力である。実際問題として、世間一般という聴衆が生まれたのは印刷機が登場したからだ。誰とも特定できないほど幅広い集団に伝達する能力が生まれた結果、啓蒙思想の時代が幕をあけた。研究者や学者が印刷機を活用し、遠くの人を含む幅広い聴衆に複雑なアイデアを正しく届けられるようになったのだ。そして、すべての人が文字どおり同じページを読めるようになった結果、筆写の時代には手間がかかりすぎて無理だった国境を越える交流が始まった。

アメリカ大陸の植民地では印刷産業が急成長し、アメリカ独立革命のころには新聞社の密度も種類も世界一という状態となっていた。当時の新聞は白人の地主向けばかりだったが、それでも、共通の言語と共通の反対意見を提供していたことはまちがいがない。トマス・ペインが発行したパンフレット『コモンセンス』は、多様な植民地のあいだに共通の利害と連帯の感覚をもたらす一助となった。

草創期の新聞は市場価格や市場の状況を事業主に提供するためのもので、定期購読料金と広告収入で運営されていた。米国でごく普通の市民がニュースの中心的な受け取り手となるには、1830年代にはいり、一部売りをする安価な「ペニー新聞」の登場を待つ必要があった。いま、我々がニュースと考えるものを新聞が提供するようになったのは、このときなのだ。[13]

少人数の特権階級のみだった「世間」が大衆へと変化した。ミドルクラスが増えたわけだが、ミドルクラスとは国家の動向の影響を日々受ける人々であるとともにエンターテイメントに時間とお金をつぎ込む余裕のある人々で、ニュースとドラマを強く求めた。新聞の発行部数は急上昇。全体的な教育程度も改善され、現代社会が複雑に絡みあっていることも理解されるようになる。ロシアでなにかが起きるとニューヨークで物の値段が動くのなら、ロシアのニュースも追っておいたほうがいいわけだ。

こうして民主主義と新聞は関係が深くなっていったが、その関係は快適なものではなかった。第1次世界大戦後には新聞の役割について緊張が高まり、当時を代表する知識人ふたり、ウォルター・リップマンとジョン・デューイが激しい論争をくり広げた。

第1次世界大戦のプロパガンダに新聞が利用されたことにリップマンは腹を立てており、1921年、『自由とニュース』を著す。この評論でリップマンは、戦時中、「政府は世論を徴兵した……行進させたのだ。直立不動の姿勢や敬礼の仕方を教練した」という編集者の言葉を引用した。[14] そして、新聞が存在し、かつ、(平均的な市民が)知るべきこと、すなわち信じるべきことの規範がまったく私的で吟味されていない場合、それがいかに高貴なものであれ、民主的政府の実体が確保されているとは言いがたいとした。[15]

その後10年間、リップマンはこの思索を深めてゆき、世論は従順すぎる――簡単に人々は誤った情報に導かれ、操作されてしまうとの結論に達する。1925年の『幻の公衆』は、幅広い情報に基づいて合理的に判断する民衆という幻想を打ちこわそうとするものだった。この本でリップマンは、十分な情報を得れば、重大な問題についても市民が正しく判断できるといった民主主義の神話に異議をとなえた。ここで必要とされる「万能の市民」など存在しない。普通の市民に任せてよいのは実績をあげられない政党を選挙で落とすことまで。統治は、十分な教育をうけ、進行する事態の真の姿を見る能力を持ったその道の専門家に任せるべきなのだ——そう、リップマンは主張した。

これに反論したのが、民主主義を推進する有名哲学者、ジョン・デューイである。『幻の公衆』をうけてデューイは一連の講演（『公衆とその諸問題』）をおこない、まず、リップマンの批判は多くがまちがっていないと認めた。メディアは人々の意識を簡単に操作できるし、適切に統治できるほど十分な情報が市民に与えられる状況にはないとしたのだ。

しかし、とデューイは続ける。リップマンの説に従うのは、民主主義という希望をあきらめることに等しい。この理想がまだ十分に実現されていないのは確かだが、そういう日がくる可能性もある。「人として学ぶとは、コミュニケーションというギブアンドテークを通じて、ほかの誰でもない自分としてコミュニティに参加しているという感覚を得ることを言う」[16]。１９２０年代はどこも閉鎖的で、民主的な参加を歓迎するところはなかった。そのなかでジャーナリストや新聞は国家の問題は人々の問題でもあると呼びかけ、人々が内にもつ市民を呼びさまして民主的な参加を推進する重要な役割を果たすことができる——デューイはそう主張した。

どうすべきかという面は大きく異なっていたが、ニュースの制作が基本的に政治的・倫理的な仕事であること、大きな責任を伴う仕事で十分な注意が必要であることはデューイもリップマンも同意見だった。また当時、新聞はいくらでも儲かる仕事で、耳をかたむける余裕もあった。その結果、リップマンの意見を取りいれて営業部門と報道部門を分離する新聞が登場する。そのようなところは次第に客観性を支持し、偏向した報道を糾弾するようになっていった。20世紀の後半、ジャーナリストの矜持を支えたのは、この倫理的モデル、すなわち、新聞は中立的立場から報道をおこない、世論を形成するというものだった。

もちろん、このように高尚な目標に到達しない例もよく見られたし、この目標をどれほど真剣にめざしているのか怪しい場合もあった。ジャーナリズムよりドラマと利益が優先されることは珍しくない。大手メディアも広告主をなだめるために報道の方針を変更する。「公平と均衡」を標榜していても、現実の姿がそうであるとはかぎらない。

ともあれ、リップマンのように批判した人がいたからこそ、現状のシステムには倫理と公的責任が不完全ながらも焼きこまれている。しかし、同じような役割を果たすフィルターバブルには、そのようなものが焼きこまれていない。

新たな「中」

ニューヨークタイムズに批評を書いているジョン・ペアレスは、2000年代を中抜きの10年と呼ぶ[17]。中抜きとは中間にはいる人をなくしてしまうことで、「インターネットの登場で、なにかを集めてパッケージとするビジネス、芸術、職業のすべてにおいて起きた」[18]とも言われる。これはブロガーのはしり、デイブ・ワイナーが2005年に書いた言葉だが、インターネットのパイオニア、エスター・ダイソンも、「インターネットのすごいところは力を浸食する点だ。中心から力を吸いだし、周辺へと移してしまう。人々に対する組織の力を浸食し、同時に、個人には自分の人生を生きる力を与えてくれる」[19]と述べている。

中抜きの話は、ブログに論文、トークショーなどあらゆるところで何百回と語られている。よくあるのはこのようなパターンだ。昔、新聞編集者は朝起きて仕事にゆき、我々がなにを考えるべきかを決めていた。そのようなことができたのは印刷機が高かったからだが、いずれにせよ、そこから明確な理念が生まれた――新聞報道に携わる人間にとって、適切な報道を市民に届けることが保護者的な義務となったのだ。

皆、そのつもりで仕事をしていた。しかしニューヨークやワシントンDCに住んでいると、権力という虚飾にはまる。インサイダーだけのカクテルパーティーに招待された回数で成功を測るようになり、それに応じて報道内容も変化した。編集者もジャーナリストも、報道対象の文化に飲みこまれたわけだ。そして力を持つ人々は面倒を免れ、メディアは、普通の人々の興味とは反する方向に興味を示すようになる。普通の人々は、メディアに対する影響力を持たないからだ。

そこにインターネットが登場し、ニュースの中抜きがおきた。突然、ワシントン・ポストの解説に頼らなくてもホワイトハウスにおける記者会見のニュースが得られるようになった。その模様を文字に起こしたものを自分で見られるようになったのだ。仲介者は消えた。ニュースだけではない。音楽（ローリングストーン誌がなくても好みのバンドの話が直接聞ける）や買い物（近所にあるお店のツイッターをフォローできる）など、あらゆるものにおいて、だ。今後は、なんでも直接できるようになる――話の終わりはこう結ばれる。

この話で中心となるのは効率と民主主義だ。欲しいものと我々のあいだに座る邪悪な仲介者が消えるというのは、いい話に聞こえる。中抜きは、メディアという概念そのものをたたくものだとも言える。「メディア」とは、もともと「中間層」というラテン語からきた言葉だからだ。[20] メディアは世界と我々のあいだに位置する。世の中で起きていることと我々をつないでもらえるが、その代償として直接的な体験ではなくなる。中抜きすれば、両方が手にはいりそうだ。

このような側面もたしかにある。しかし、ゲートキーパーの奴隷となるのが現実の問題であるのに対し、中抜きは事実というより神話というべきものだろう。中抜きは、新たな仲介者――新たなゲートキーパー――を目に見えなくするのだ。タイム誌は2006年、年間を通じてもっとも活躍した人物に「あなた」を挙げたとき、「少数の者から大勢が力をもぎ取ろうとしているのだ」と評した。[21] 法学部教授で『マスター・スイッチ』を著したティム・ウーは違う見方をする――

――「仲介者はネットワークの登場で消えていない。違う人に変わっただけだ」[22]。どのメディアを消費するのか、その選択肢が急増したという意味で、力が消費者寄りに動いたとはいえるが、しかしいまも、消費者が力を握ったわけではない。

部屋を借りるとき、大家から「直接」借りる人はいない。クレイグスリストという仲介者を使う。本を買うにはアマゾンを使う。検索ならグーグル、友達ならフェイスブックだ。このようなプラットフォームはいま、すさまじい力を持っている。かつて新聞の編集者やレコードレーベルなどの仲介者が持っていた力と基本的に同等の力を持っているのだ。ところが、これらの新しいキュレーターがどういう意図を持っているのかさえ、我々には知る術がない。ニューヨークタイムズの編集者やCNNのプロデューサーなら報道の内容や姿勢について糾弾できたというのに。

2010年7月、グーグルニュースのパーソナライズ版がスタートした。共有体験に関する懸念が強いことから、グーグルは、幅広い分野をカバーする「トップニュース」を大きく取りあげた。しかしその下にあるのは、過去、グーグルを通じてユーザーが興味関心を示した分野やクリックした分野から地域的・個人的にユーザーと関係が深いと判断された記事だけだ。この行きつく先について、グーグルのCEOは明快だ。「ほとんどの人がモバイル機器でパーソナライズされたニュースを読むようになり、新聞を読む人は減るでしょう。これは、とてもパーソナルで、かつ、ターゲティングされた消費の形態となります。あなたがなにを読んだのか、すべて覚えていてくれるのです。こういうことを知りたいのではありませんかと提案もしてくれます。広告もあるでしょうね。そして、新聞や雑誌と同じくらい読んでいて楽しいものになります[23]」

グーグルニュースは同時多発テロ後、世界各地の記事をチェックするためクリシュナ・バラットが作ったものがプロトタイプだ。その後、ニュース分野の有力グローバルポータルとなった。訪問数は月に1000万単位とBBCをうわまわる。スタンフォード大学で開催されたイノベーションジャーナリズムの第7回カンファレンス（IJ‐7）でバラットは、心配そうな顔でつめかけた新聞関係者にビジョンを示した。「ジャーナリストはコンテンツの制作に集中すべきで、そのコンテンツを適切な集団に届けることは技術系の人々が担当すべきなのです。記事ができたあと、その記事にもっともふさわしい読者の集団に届ける部分です。そして、この問題を処理できる技術がパーソナライゼーションなのです[24]」

さまざまな意味でグーグルニュースはハイブリッドモデルであり、編集系プロフェッショナルの判断が色濃く反映されている。記事の優先順位はどのように決めているのかとフィンランドの編集者からたずねられたバラットは、いまも実権は新聞編集者が握っているようなものだと答えた。「なにを取りあげるのか、いつ発行するのか、トップページのどこに掲載するのかなど、さまざまな編集者による決定に我々は注目しています[25]」。つまり、ある記事がグーグルニュースでどこまで取りあげられるのかは、ニューヨークタイムズの編集者、ビル・ケラーが決めているようなものというわけだ。

これはかなり微妙なバランスだと言える。まず、グーグルは読者が楽しめるものを提供してゆくという。しかし同時に、パーソナライズのやりすぎで重要なニュースを外すなどしてはいけない。バラット自身も、このジレンマを完全には解消できていないようだ。「皆、ほかの人たちが関心や興味を持つことに関心を持つと思うのです。特に、自分と関係の深い人が関心を持つことですね[26]」

グーグルニュースはグーグルのサイトではなく、コンテンツプロデューサーのサイトへ移動すべきだとバラットは考えている。「ニュースのパーソナライゼーションがうまくできるようになり、その技術を新聞社に提供すれば、（訪問者一人ひとりの興味関心にあわせて）新聞社のウェブサイトを調整してもらえるわけです[27]」

クリシュナ・バラットは苦しい立場にあるが、それも当然だ。矢継ぎ早に質問を浴びせるトップページの編集者たちを尊敬しており、その知識や経験なしに彼のアルゴリズムは動かないわけだが、同時に、グーグルニュースが成功すれば最終的に編集者や記者の多くが職を失うことになる。パーソナライズされたグーグルのサイトにおいしい部分が集められているのなら、地域新聞のウェブサイトをわざわざ訪問する必要などないだろう。

インターネットはすさまじいばかりの影響をニュースに与えた。ニュースという空間を無理やりに拡大し、長い歴史をもつ新聞社を歩きなれた道から押しながした。報道機関が築いてきた信用をたたき壊した。インターネットが通ったあとに残っているのは、従来よりも小さく、ばらばらとなった公の空間である。

このところ、ジャーナリストやニュースプロバイダーに対する信頼が急降下している。不思議なのはその時期だ。ピューがおこなった調査によると、米国において、報道機関への信頼は、2007年から2010年でその前12年間以上に落ちこんだという。[28] イラクの大量破壊兵器に関連して米報道界は大失態を演じたが、それによる信頼の低下はそれほどでもなかった。しかし、2007年に起きたなにかは大きな影響を与えたわけだ。

はっきりした証拠はないが、これも、インターネットの影響ではないかと思われる。ニュースを1カ所から得ている場合、まちがいや報道されないことがあっても気づきにくい。しょせん、訂正記事は内側のページに小さな字でしか書かれないのだ。しかしニュースを読む人の多くがオンラインになり、さまざまなソースのニュースを読むようになると、報道の差異が大きくはっきりわかる。ニューヨークタイムズの問題をニューヨークタイムズが報道することはあまりないが、デイリー・コス（Daily Kos）やリトル・グリーン・フットボールズなどの政治系ブログはよく話題に取りあげる。ムーブオンやライトマーチ（RightMarch）などの政治系グループも、右派・左派ともによく取りあげる。耳にはいる声が多くなるほど、一つひとつの声に対する信頼が減るわけだ。

インターネットに関する思索で有名なクレイ・シャーキーも指摘しているが、いまの低い信頼レベルがまちがっているわけではないのかもしれない。逆に、放送の時代の信頼レベルが不自然に高かったのかもしれない。いずれにせよ、多くの人にとって、ニューヨーカーの記事とブログ記事の権威は思いのほか違いが小さくなったのだ。

インターネット最大のニュースサイト、ヤフーニュースの編集者も、この傾向を実感している。ヤフーは1日8500万人も訪れるため、他のサーバーにある記事へリンクをはる場合、負荷に耐える準備ができるよう、サーバー管理者に警告を発しなければならない。全国的に知られた新聞社のサーバーであっても同じだ。リンクひとつで1200万回もの閲覧がおこなわれたりするのだ。このとき、ニュースのソースにヤフーのユーザーはあまり注意を払わないとヤフーニュース部門の役員は言う。ぴりっとした見出しのほうが信頼できるニュースソースより力があるのだ。「ニューヨークタイムズなのかそのへんのブロガーなのか、気にする人はあまりいませんね[29]」

記事は人気記事ランキングを登ってゆくか不名誉な死を迎える——それがインターネットニュースというものだ。昔は、ローリングストーン誌が郵送されてきて、そのページをめくった。いまは、雑誌と関係なく人気の記事はオンラインで世界を駆けめぐる。わたしもスタンリー・マクリスタル司令官の暴露記事を読んだが、そのときトップ記事がレディー・ガガだとは知らなかった。注意力経済において製本はバラされてしまい、時々の話題とスキャンダル、そして、ウィルスのような感染力を持つページがよく読まれるのだ。

バラされているのは印刷メディアだけではない。ジャーナリズムの世界では新聞の運命に注目が集まっているが、テレビも同じジレンマに直面している。グーグルからマイクロソフト、そしてコムキャストまで、皆、もうすぐ融合の時代になると考えている。米国では毎年、100万人近い人がケーブルテレビで映画を観るのをやめ、オンラインに切り替えている。ネットフリックスのオンデマンド映画配信やフル（Hulu）などのサービスが始まれば、この流れはさらに加速するだろう。[30] テレビがデジタルへと完全に移行すればチャンネルはブランドにすぎなくなり、記事の序列と同じように番組の序列は放送局のマネージャーが決めるのではなく、ユーザーの興味関心や注意力によって決まるようになる。

そしてもちろん、そうなればパーソナライゼーションが可能となる。「もうすぐ、テレビがインターネットとつながる時代になります。その影響で広告業界は大きく変わるでしょう。広告は双方向性となり、テレビごとにユーザーに合わせたものが配信されるようになるのです」とグーグルでグローバルメディアを担当するバイスプレジデント、エンリケ・デ・カストロは言う。[31] これは、スーパーボウルの広告という年に1度の儀式にもさよならすることを意味する。人々がそれぞれ別の広告を見るようになれば、いままでのような盛り上がりは得られなくなるからだ。

報道機関に対する信頼は低下しているが、アマチュアやアルゴリズムによるキュレーションという新しい世界に対する信頼は上昇している。新聞や雑誌がばらばらにされている一方で、新しい方法が次々と登場し、ページが作られている。ニュースソースとしてフェイスブックの重要性が高まりつつあるが、これは、マンハッタンに住むどこかの新聞記者より、友達や家族のほうが自分と関連が深く重要なことを知っている可能性が高いからだ。

フィルタリングが行きすぎて狭い世界になるという考え方に対する反論として、パーソナライゼーションを推進する人は、フェイスブックなどのソーシャルメディアを取りあげることが多い。ソフトボールの仲間とフェイスブックで友達になれば、政治に対するその友達の文句も聞かざるをえなくなるというのだ。

知り合いというのは信頼関係のある人で、たしかに、自分がよく知る範囲以外のトピックに気づかせてくれたりする。しかし、アマチュアキュレーターのネットワークに頼ることにはふたつの問題がある。まずひとつは、普通、フェイスブックの友達は一般的なニュースソースよりも自分と似たものになってしまうこと――いわゆる類友だ。特に最近は現実世界の隣近所も同質化が進んでおり、近くに住む人と知り合いになりがちなのも[32]、この傾向を強めている。ソフトボールの仲間は近くに住んでいるはずで、であれば、ものの見方・考え方も似ているはずだ。オンラインにせよオフラインにせよ、最近は自分と大きく違う人と出会うチャンスが減っている。つまり、自分と大きく異なる考え方に接するチャンスが減っているのだ。

もうひとつは、パーソナライゼーションフィルターがどんどん改良されてゆくことだ。たとえば、サムという友達について、フットボールの話は好きだがテレビドラマ『CSI：科学捜査班』に関するおかしな考察はきらいだとしよう。フィルターは、そのようなコンテンツにあなたがどう反応をするのかを観察し、学習して、ふるいにかけるようになる。こうして、友達や専門家にある程度導いてもらうことさえできなくなってゆく。ブログ記事の購読管理に便利なグーグルリーダーには「おすすめの順に並べ替え」という設定があるが、これがまさしくそういう機能である。

メディアが今後、我々の期待と異なる方向に進むと思われる理由がこれだ。インターネットとは、本来、能動的な媒体だとエバンジェリストが昔から言っている。「頭を使いたくないときはテレビを見て、頭を使おうと思ったときコンピューターを使うんだと思う」と、アップル創業者、スティーブ・ジョブズも２００４年のマックワールドで語っている。[33]

テッキーと呼ばれる技術系の人々は、このふたつをプッシュ型技術とプル型技術と呼ぶ。ウェブブラウザーはプル型だ。アドレスを入力すると、そのサーバーから情報を引きだし《プル》てくる。これに対してテレビやメールはプッシュ型だ。ユーザーがなにもしなくても、情報が次々と届く。プッシュ型からプル型にシフトするとインターネットを大歓迎した人々がいるが、いまならその理由もよくわかるだろう。最大公約数的なコンテンツを大衆に流す形ではなく、プル型メディアなら制御権をユーザーが握れるからだ。

しかし、プルは大変だ。ユーザーが自ら選び、自分のメディア体験を作りつづける必要がある。米国人が週に36時間も見ているテレビ[34]とは比べものにならないほど多くのエネルギーが必要になる。

米国人はとても受動的にテレビ番組を選ぶ。その姿勢について、テレビ業界には「もっとも無難な番組」理論というものがある。この理論は、ペイパービューのイノベーター、ポール・クラインが1970年代にテレビ視聴者の行動を研究して発見した。[35] テレビを見ている週36時間のあいだ、我々はある番組が見たいわけではなく、ただ、無難に楽しめればいい——そう思っているというのだ。

だから、テレビ広告はテレビ局にとって宝の山となる。受け身でテレビを見ているから、広告になってもなんとなく見つづける。説得においては受け身が大きな力を発揮するのだ。

テレビ放送の時代は終わろうとしているのかもしれないが、もっとも無難な番組の時代はおそらく終わらない。それどころか、パーソナライゼーションによって体験は、なんというか、もっと無難になってゆくことだろう。ユーチューブではリーンバック（LeanBack）の開発を熱心に進めているが、これは動画をつなぎあわせ、プッシュとプル、両方のメリットが得られるようにする技術だ。ユーザーがしなければならないことをパーソナライズでなるべく減らしたもので、ウェブサーフィンよりもテレビに近い。リーンバックを使うと、音楽サービスのパンドラと同じように、動画をスキップしたり、これはいいなどのフィードバックをして次の動画に移ったりが簡単にできる。リーンバックには学習機能がある。しばらく使うと、自分専用のテレビチャンネルのようになることがリーンバックのビジョンである。ユーザーが興味を持つコンテンツを次々と流し、ユーザーがしなければならないことをどんどん減らすのだ。[36]

コンピューターは脳のスイッチをいれるためのものだというスティーブ・ジョブズの言葉は、少し楽観的すぎたのかもしれない。現実には、フィルタリングがパーソナライズでどんどん進化し、見るものを選ぶために投入するエネルギーはどんどん減ってゆく。

このようにパーソナライゼーションは我々のニュース体験を大きく変えつつあるわけだが、それだけでなく、どのような記事が制作されるのかを決める経済的な側面も変えようとしている。

ビッグボード

有名ブログ、ゴーカー・メディア（Gawker Media）の事務所はニューヨークのソーホー地区にある。その雰囲気は、もう数キロ北にあるニューヨークタイムズのニュース編集室そっくりだ。大きな違いは、部屋を見渡すような位置に取りつけられたフラットテレビにある。

ビッグボードと呼ばれるそこには記事と数字がリストアップされている。数字は各記事が読まれた回数を示すものだが、とにかく大きい――ゴーカーのウェブサイトは月間ページビューが億単位になるのが普通なのだ。ビッグボードに掲載されるのは、ゴーカーが運営するメディア（ゴーカー／Gawker）からガジェット（ギズモード／Gizmodo）、ポルノ（フレッシュボット／Fleshbot）にいたるさまざまなウェブサイトの人気記事だ。ビッグボードに載る記事を書けば給料があがる可能性が高い。書けない時期が長く続けば、職探しをしたほうがいいだろう。[37]

逆にニューヨークタイムズでは、記者もブロガーも、自分の記事を何人がクリックしたのか知ることができない。これは規則ではなく新聞社としての哲学だ。つまり、報道をおこなう新聞であるとは、十分に検討されたすばらしい編集判断をメリットとして読者に届けることを意味するからだ。ニューヨークタイムズの編集者、ビル・ケラーはこう述べている。「我々の場合、数値によって職務や力点を変えない。読者はニューヨークタイムズの判断を求めているのであり、大衆の判断を求めているのではないと信じているからだ。我々は『アイドル』ではないのだから」[38]。読者は購読する新聞を切り換え、気に入らないと示すことはできるが、ニューヨークタイムズが読者におもねることはないというわけだ。数字が気になる若手の記者は、システム管理者にとりいって統計数値を見せてもらうしかない（ニューヨークタイムズは統計を使って、オンライン記事の拡大する部分と縮小する部分を決めている）。

インターネットは現在、基本的に分裂と局所的同質化が進んでいるわけだが、例外として、それぞれの人に関係の深い記事を提供するよりもよいことがひとつだけある。全員に関係のある記事の提供だ。ブロガーもサイト管理者もトラフィックを熱心にチェックしている。人気記事ランキングを掲載しているサイトも多く、読者もこの流れに参加できる。

もちろん、ジャーナリストの世界においてトラフィックを追うことがいままでなかったわけではない。ピューリッツァー賞で有名なジョーゼフ・ピューリッツァーも、スキャンダルやセックス、恐怖、当てこすりなどを利用して売上を伸ばした人物だった。

しかしインターネットの登場で、トラフィックの追求が高度になり、細かくおこなえるようになった。トップページに記事を掲載した数分後には、ウィルスのように広がる力を持っているか否かがわかる。その力を持っているとわかれば露出を増やして後押しするのだ。このように各記事の成績を編集者が監視できるものをダッシュボードと呼ぶが、いま、新聞社の収益はダッシュボードが支えていると言える。コンテンツの制作・配信をおこなうアソシエーテッドコンテント（Associated Content）は数多くのオンライン貢献者に少額の報酬を払い、多くの人が疑問に思うことに対する解答のページを書かせて、検索結果を引っかけようとしている。そのようなページは広告収入におけるトラフィックの割合が高い。また、ディグ（Digg）やレディット（Reddit）のように、洗練されたやり方でインターネット全体を人気記事ランキングにしようとするサイトもある。サイトのトップページに載せる記事をウェブ全体の投票で決めるのだ。レディットのアルゴリズムには承認の投票が一定量に達しない記事は沈んで消えてゆく仕組みさえ用意されている。つまりレディットトップページには、あなたの好みと行動にとってもっとも重要だとレディットの人々が思う記事が並ぶ――フィルターバブルと人気記事ランキングの融合だ。

チリでは大手新聞のラス・ウルティマス・ノティシアスが、読者によるクリックのみを基準にコンテンツを決める試みを始めた。２００４年のことだ。よくクリックされるとフォローアップの記事が書かれるが、クリックのない話題は消えてゆく。記者の担当は廃止され、皆、クリックされる記事を書くことだけに力を入れている。[39]

ヤフーの人気ニュースブログ、アップショット（Upshot）では、検索された文字列のデータを編集者のチームが調べ、人々が興味関心を持っている話題をリアルタイムに掘りおこす。そして、それに対応する記事を書くのだ。たとえばたくさんの人が「オバマ大統領の誕生日」を検索していたら、アップショットはこの話題に関する記事を書く。こうすれば、検索した人がヤフーのページを訪れ、ヤフーの広告を見るようになるからだ。「我々はここで差別化しているわけです。他社との違いは、我々なら多くのデータを集められる点です」とヤフーメディアのバイスプレジデントがニューヨークタイムズに語っている。「聴衆の洞察と聴衆のニーズに対応してコンテンツを生成するというアイデアは戦略の一部分にすぎませんが、しかし、大きな部分ではあります」[40]

では、どのような記事がトラフィックランキングの上位にくるのだろうか。ニュースの世界では、昔から「流血ならトップニュース」と言われている。新時代にはいっても同じだ。もちろん、オーディエンスが違えば人気記事も違う。ニューヨークタイムズがおこなった調査ではユダヤ教関連に触れた記事の人気が高かったが、これはおそらく、ニューヨークタイムズの読者層による特性だろう。このほか、いずれの日においても「もっと現実的で有益な記事、驚くような記事、感動を呼ぶ記事、肯定的にバランスのとれた記事が人気となることが多かった。同時に、恐れ、怒り、不安を強く喚起し、悲しみをあまり喚起しない新聞も人気が高かった」[41]。

ほかのサイトでは、もっとえげつないものが上位にくる。先日、バズフィード（Buzzfeed）というサイトが英国イブニング・ヘラルド紙の「すべてを完備した見出し」へのリンクを張った——

「お相撲さんのコスプレをした女性、スニッカーバーのコスプレをした男性に手を振った元ガールフレンドをゲイ・パブで襲う」[42]。シアトル・タイムズ紙では、2005年、馬とセックスして死んだ男の記事が何週間も人気のトップとなった[43]。ロサンジェルスタイムズ紙における2007年トップの記事は、世界でもっとも醜い犬についてだった[44]。

「読み手に応える」のはいいことのように思えるし、実際、そうであることが多い。この人気現象を調べたウォールストリートジャーナルの記者は、こう書いている。「文化的産品の役割を話題の提供だと考えるなら、大事なのは皆が同じものを見ることであってそれがなんであるのかを見ることではないのかもしれない[45]」。トラフィックを追求するためにはメディアがオリュンポス山を降り、ほかの人たちと同じ場所にジャーナリストや編集者を立たせる必要がある。ジャーナリストは読者に対して父親のような接し方をすることが多かったとワシントン・ポストのオンブズマンは言う。「昔、ポストのニュース編集室はマーケティング情報を知る必要などなかった。利益は潤沢だった。発行部数は多かった。編集者は、読者が必要としているはずだと自分たちが考えるものを選んでいたが、それは、かならずしも読者が欲しているものではなかった[46]」

ゴーカーのやり方は、このほぼ真逆をゆく。ワシントン・ポストが父親なら、ゴーカーなどの新興勢力は抱っこしろと大騒ぎをする小さな子どもたちという感じだろう。

今後、重要だが人気のないニュースはどうなるのかとたずねたところ、メディアラボのニコラス・ネグロポンテはにっこりほほえんだ。一方の極には「あなたはとってもすごい。あなたが聞きたいと思うことを語ってあげるね」というへつらいのパーソナライゼーションがある。反対の極には「聞きたかろうが聞きたくなかろうが、君に必要だから教える」という親的なアプローチがある。[47] いま、我々が進んでいるのはへつらいの方だ。マイケル・シャドソン教授はこう語ってくれた。「調整の時代が長く続くでしょう。いわば、政教分離が崩壊しかけているようなものですから。適度な範囲ならいいと思うのですが、ゴーカーのビッグボードは極端で怖いですね。あれは完全なる屈服です」[48]

アップルとアフガニスタン

フィルターバブルをつくるところのなかで、グーグルニュースは政治的なニュースに注目することが多い。プロフェッショナルな編集者の決定をかなり参考にしているからだろう。そのグーグルニュースでさえ、アフガニスタンの戦争よりアップルの記事を優先する。[49]

わたしはｉＰｈｏｎｅもｉＰａｄも大好きだが、これがアフガニスタン情勢と同じくらい大事だとはとうてい思えない。それでもアップル重視のランキングとなるのだ。ここから、人気ランキングとフィルターバブルの組み合わせでは、重要だが複雑なものが抜けてしまうことがわかる。さきほど紹介したワシントン・ポストのオンブズマンも同じ心配をしている――「トラフィックから報道内容を決めるようになった場合、ポストは、退屈だとして重要な話題を追わなくなるのだろうか?[50]」と。

貧困に苦しむ子どもの記事に対し、その分野の研究者や直接的な影響を受ける人以外の大勢が強い個人的関心を抱くことはあるだろうか。まずありえないと思われるが、それでもなお、その問題について知ることは大事である。

米国の大手メディアは戦争報道が少なすぎると左派はよく批判する。しかし、わたしを含む大多数の人にとって、アフガニスタンの記事は読んでもおもしろくない。複雑に絡みあってわかりにくく、気がめいるような話が多いからだ。

しかし、この記事は読むべきというのがニューヨークタイムズの編集判断であり、トラフィックは最低クラスだろうにアフガニスタンの記事はトップページに置かれているし、だからこそ、わたしも読みつづけている(わたしの意向をニューヨークタイムズが却下しているわけではない。わたしの想像力を刺激してくれたものをクリックしたいという気持ちより、世界について知っておきたいという気持ちのほうを強く支持しているだけである)。人気や個人的な関連性よりも重要性に重きをおくメディアのほうが有用な場合もある——いや、必要な場合さえもあるのだ。

クレイ・シャーキーによると、読者は昔から、政治関連の新聞記事を読まずに飛ばすのが普通だったそうだ。しかしそうする際、トップページを一瞬は見なければならない。だから政治スキャンダルがあれば、世論に影響がでる程度に多くの人が知っていた。「いまの問題は、99%、平均的な市民が時事ニュースを無視している状況で、折々、危機の警告を届けられるのか、でしょう。あまりに腐ったことをすれば警鐘を鳴らすぞと財界や政界の人々を脅せるのか、です」[51]。昔はその役割をトップページが担っていたが、いまはトップページを完全にスキップできるようになってしまった。

ここで話をジョン・デューイに戻そう。「影響を及ぼし合う言動や連帯がもたらす間接的で包括的、永続的で本格的な帰結」こそが大衆という存在を生みだした、というのが、デューイの見解である。[52]皆の生活に間接的な影響を与える重要事項だが、自己の利益という身近な領域の外に存在するものこそが民主主義の基盤であり、存在理由なのだ。アイドルでも多くの人が集まるが、我々の内にある市民が呼びさまされることはない。よかろうと悪かろうと――わたしはよかったと思っているが――旧メディアの編集者は市民を呼びさましてくれた。

もちろん、昔に戻ることはできない。そうすべきでもない。インターネットはいまでも、放送メディアよりも優れた民主主義の媒体となれる可能性を秘めている。情報が一方向にしか流れない放送メディアには不可能だったほど優れた媒体に。ジャーナリストのA・J・リーブリングが指摘したように、出版の自由は持てる者のものだ。そして我々は、皆、持てる者となった。

しかしいま、我々は、市民としての責任や役割という感覚が明確に定められ、十分な検討が加えられたシステムを倫理感覚のないシステムに交換しようとしている。ビッグボードが登場し、編集側の意思決定と事業側の業務とのあいだにあった壁が壊されつつある。グーグルなど、難問に正面から取り組もうとするところも出てきたが、パーソナライズドフィルターの大半はクリックの少ないものをふるい落とすだけで、重要なものを優先する仕組みが用意されていない。「人々が望むものを与えよ」は底が浅くて危うい市民哲学にしかなりえないというのに。

しかも、フィルターバブルの興隆によって影響を受けるのは、ニュースの受け取り方だけではない。考え方もなのだ。

第三章
アデラル社会

その価値は、いくら強調してもしすぎることはない……その価値とは、自分と異なる他人と接触する価値、自分がよく知らない考え方や行動と接触する価値である……そのようなコミュニケーションは昔から進歩の源泉のひとつとなってきたものであり、現代においてはその傾向がさらに強まっている[1]。

――ジョン・スチュアート・ミル

重要な発見がどのようにもたらされたのかを思量するに、思い至るのは、電脳の力よりも夢遊の人々の力である[2]。

――アーサー・ケストラー『夢遊病者たち』

　１９６３年春、スイスの首都、ジュネーヴは外交官であふれていた。核実験禁止条約の交渉に18カ国が集まり、ジュネーヴのあちこちで会合がもたれていたのだ。ある日の午後、米国とロシアの会議がおこなわれたあと、ＫＧＢの若い男が40歳の米国側外交官、デビッド・マークに接触し、ロシア語で耳打ちする。「代表団にはいったばかりの者なのですが、実は、お話ししたいことがあります。ただしここではだめです。お昼をご一緒していただけませんか[3]」。マークはＣＩＡに報告した上で提案に同意し、ふたりは翌日、近くのレストランで会うことになった[4]。

　ユーリ・ノセンコというそのロシア人はちょっと困ったことになっていた。ジュネーヴに着いた日の夜、しこたま飲んだあげく売春婦を買ってホテルに連れかえり、翌朝、目が覚めたらしまっておいた９００ドル相当のスイスフランがなくなっていたというのだ。１９６３年当時としてはかなりの金額である。「なんとかして埋め合わせなければなりません。ＣＩＡがとても興味を持ちそうな情報があります。欲しいのはお金です[5]」。もう一度会う約束をして別れたが、ノセンコは酔った状態で現れた。「あのときわたしはへべれけでした。どうしようもないほど酔っぱらっていました[6]」

　お金と交換にＣＩＡのスパイとして働くことを約束したノセンコはモスクワに戻り、１９６４

年1月、CIAのスパイハンドラーと直接会い、入手した情報を提供した。重大な情報だった。リー・ハーヴェイ・オズワルドに関するKGBのファイルを取り扱う機会があったが、ケネディ大統領の暗殺をソビエト連邦が事前につかんでいたと思われる情報はなかったというのだ。それが事実なら、この事件にソ連は関与していなかったと考えることができる。ノセンコは、米国への亡命が認められるなら、ファイルの詳細をCIAに提供すると提案した。[7]

　この提案は、すぐ、ヴァージニア州ラングレーのCIA本部へ送られた。大きな幸運なのかもしれない。ケネディ大統領暗殺から2カ月ほどの時期で、CIAは暗殺の黒幕を洗いだそうと必死になっていた。でも、ノセンコは本当のことを言っているのだろうか？　ノセンコのケースを担当したエージェントのひとり、ジェームズ・ジーザス・アングルトンは、怪しいものだと思った。[8]ソ連は関与していないとCIAに思わせる謀略の一部なのかもしれない。さまざまな議論がおこなわれたが、最終的にノセンコの亡命は認められた。ノセンコの話がうそならソビエト連邦はなにがしかオズワルドに関与していたことになるし、本当なら防諜に利用できるからだ。

　ところが、そのどちらでもないことが判明する。ノセンコは1964年に米国入りし、CIAは膨大な情報を得た。しかし聞き取り調査は冒頭から矛盾だらけだった。1949年に士官訓練を終えたというが、これはCIA側の記録と異なっていた。[9]所属部署からして閲覧が可能なはずの文書について、自分は見られる立場になかったとも証言する。そもそも、なぜ、妻や子どもをロシアに残して亡命するのか？

飲み友達のキム・フィルビーがソ連のスパイと判明する事件などもあり、アングルトンは疑いを深めていく。ノセンコは別の亡命者からCIAが得ようとしているソ連の情報を混乱させる目的で送りこまれたおとり《デコイ》としか思えなかった。こうして聞き取り調査は厳しいものになってゆく。ノセンコは1964年のうちに独房に入れられ、その後数年間、自白を求める過酷な尋問にさらされた。28時間半もうそ発見器にかけられた週もあった。[10] そこまでしたのに、事態が進展しそうな気配はなかった。

ノセンコがおとりだとCIAの全員が考えていたわけではなかった。経歴も、詳しくわかってくるとエリートスパイとは思えないものだった。父親は造船大臣を務めるソ連共産党中央委員会のメンバーで、その名前が付けられたビルもある。ユーリは海軍予備校で盗みを働いて同期生たちに殴られたことがあるが、そのとき母親がスターリンに直訴し、同期生の何人かが罰として前線に送られている。[11] 調べれば調べるほど、ユーリは単なる「上層部のばか息子」で、だらしがないだけのように見えた。卒業の年がおかしかった理由も判明した。マルクス・レーニン主義の試験を落とし、留年したと恥ずかしくて言えなかったのだ。

1968年、CIAは無実の男を苦しめているらしいと上層部が判断、8万ドルと新しい名前をノセンコに与えて米国南部に住まわせた。[12] しかしCIA内部にはしこりが残り、その後何十年も、陰謀説を支持する者と彼は真実を語っていたとする者とのあいだで感情的な議論がおこなわれた。そのため、ノセンコのケースについては6回もの調査がおこなわれた。また、2008年にノセンコが死ぬと、そのニュースは、匿名を条件に「情報機関上層部の人間」によってニューヨークタイムズへと伝えられた。[13]

CIA内部における議論の影響を強く受けた人物に、リチャーズ・ホイヤーという情報分析官がいる。朝鮮戦争時にCIAにはいった人物で、もともと哲学に興味があった。なかでも、知識について研究する認識論に興味があった。ホイヤーはノセンコのケースに直接は関与しなかったが、ほかの仕事に必要でその概要をチェックしており、当初は「陰謀説」が正しいと考えた。そしてノセンコの処遇が決着した数年後、彼を独房に入れてしまった理由——なにがまちがっていたのか——を分析し、あきらかにした。その結果をまとめたのが『情報分析の心理学』だ。[14]薄い本だが、秘密工作員になろうとする者が心理学と認識論を学ぶ入門書として優れており、序文にはホイヤーの同僚や上司がたくさんの賛辞を寄せている。

ノセンコのケースが大失敗となった主因はあきらかだとホイヤーは言う。「情報分析官というものは論証の過程に自覚的でなければならない。判断や結論だけでなく、判断をどのようにおこない、結論へどのように達したのかについてもよく考えていなければならない」[15]

ホイヤーはまた、次のようにも書いている。そうではないという証拠があるにもかかわらず、我々は、世界は目に見えるとおりのものなのだと信じてしまいがちだ。見えなくなってもお菓子がこの宇宙から消えたわけではないということは大人になるにつれてわかるようになるが、大人になってもつい、見たままを信じてしまうことが多い。これは哲学者が素朴実在論と呼ぶもので、ついはまってしまう危険な行為である。事実はすべて掌握しており、そこに自分が見いだしたパターンもまた事実だと思いがちなのだ（陰謀説を信じたアングルトンは、ノセンコの話に事実関係の狂いがあるのはなにかを隠しているからで、隠していることがプレッシャーに負けて漏れているのだと考えた）。

では、情報分析官あるいは世界を正しく把握したいと考える者はどうすればいいのだろうか。まず、我々が現実だと思うものは多くが誰かの手を経由しており、ゆがんでいると認識する必要がある。メディア、第三者、人の心がもつさまざまな要因によって編集され、操作され、フィルタリングされていると認識する必要がある。そう、ホイヤーは言う。[16]

ノセンコのケースにも、そのようなゆがみを生じる要因が数多くからんでいた。なかでも明白だったのは、一次情報に問題があったことだ。ノセンコについて膨大なデータをＣＩＡは集めていたが、大事なところに抜けがあった。ノセンコの階級や地位については詳しく調べていたが、個人的な背景や精神面についてはなにも知らないに等しかった。そのため「ＫＧＢがろくでなしをこんな高位につけるはずがない。つまり、彼は我々をだまそうとしているのだ」という根本的な仮定に疑問をもつ人がいなかったのだ。

世界の「イメージをできるかぎり明確に把握するためには、情報以外のものも必要である……情報が通過してくるレンズについても熟知していなければならない」とホイヤーは書いている。[17]

ゆがみをもたらすレンズは我々の頭の外にもある。実験における偏ったサンプルのように、データの選択が偏ればまちがった印象が生まれる。ＣＩＡの場合、組織的な問題や歴史的な問題がいろいろとあり、ノセンコの個人的な経歴の部分についてのデータが悲惨なほど不適切だった。認知プロセスの問題もあった。たとえば我々は「膨大なデータ」があると「本当らしい」と思いがちだ。そのような問題がたくさんあると、実際のところなにがどうなっているのかわからなくなってしまう。ミラーハウスではなんども鏡で反射されるためなにがどうなっているのかわからなくなるように。

このゆがみという効果も、パーソナライズドフィルターが我々に突きつける問題だ。フィルターバブルは我々が見るものと見ないものをより分ける。そして、レンズと同じように、我々が体験する世界をいつのまにかゆがめてしまう。我々の精神活動と外界の関係に干渉する。拡大鏡のように、狭い領域の知識を拡大してくれるという側面もある。しかし同時に、我々が接する範囲を制限し、我々の考え方や学び方に影響を与えてしまう。優れた判断やすばらしいアイデアにつながる微妙な認知的均衡を崩してしまうかもしれない。創造性は精神と環境のかかわりから生まれるものなので、イノベーションにも悪影響があるかもしれない。世界の様子を正しく把握したいのであれば、フィルターを通すと世界がどう見えるのか、どうゆがむのかを理解する必要がある。

絶妙なバランス

このところ、ヒトの脳に関する話題がはやっている。行動経済学者、ダン・アリエリーのベストセラーによると、我々は「予想どおりに不合理」なのだそうだ。[18] ダニエル・ギルバートは『幸せはいつもちょっと先にある──期待と妄想の心理学』で、どうすれば幸せになれるのかを理解するのが我々は絶望的に下手なのだと、膨大なデータをもとに解きあかした。[19] マジックの観客のように、我々は皆、簡単にだまされ、操られ、誤った方向に誘導されてしまうというのだ。

これらはいずれも正しい。しかし、『まちがう存在』でキャスリン・シュルツが指摘しているように、これは話のごく一部にすぎない。[20] たしかにヒトとは誤算に矛盾、不合理の塊が歩いているようなものかもしれないが、それには理由がある。誤りや失敗につながる認知の過程はまた、変化してゆく世界に対処し、そこで生きてゆくために必要な能力や知性をうむ源でもある。どうしても失敗に注目しがちで気づかないが、ほとんどの場合、我々の脳は驚くほどうまく働いているのだ。

その背景には、認知の均衡をとろうとする機能がある。自覚はないが、我々の脳は、過去からも学びすぎず、現在から新しい情報を取りいれすぎずという微妙な綱渡りをしている。この綱を渡る能力──異なる環境と様相からの要求に対応する能力──は、ヒトの認知力がもつ驚くべき特質である。いまの人工知能ではこのような能力をもつことなど無理である。

パーソナライズドフィルターは、既存アイデアの強化と新規アイデアの習得という認知的な均衡をふたつの側面から狂わせてしまう。ひとつは、フィルターバブルにおいて我々は知っている(かつ賛同している)アイデアに囲まれてしまい、すでに持つ観念的な枠組みに対する自信が過剰になってしまう点だ。もうひとつは、学びたいと思うきっかけとなるものが環境から取りのぞかれてしまう点だ。このあたりについて理解するためには、まず、なんのバランスを取っているのかを知る必要がある。情報の取得と保存の方法から紹介しよう。

フィルタリングは最近になって登場したものではない。何百万年も前からあるもので、それこそ人類が生まれる前から存在する。原始的な感覚器しか持っていない動物の場合でも、感覚器を通してはいってくる情報の大半は無意味である。しかしごく一部は重要で、場合によっては生死を分けることもある。だから、その一部を発見し、どう対処すべきかを考えることが脳の基本的な機能となっている。

ヒトの場合、まず、データを大幅に圧縮する。ナシーム・ニコラス・タレブの言葉を借りれば「情報は簡潔になりたがっている」[21]ので、目からはいる映像も耳からはいる音声も、その要点だけをとらえた概念へと圧縮するなど、毎秒毎秒、情報を簡素化するのだ。これを心理学者はスキーマと呼び、最近は、たとえば椅子など、特定の物体を認識したときに働くニューロンなど、各スキーマに対応するニューロンの特定が進んでいる。スキーマがあるから、我々は世界をいちいち見直す必要がない。あるモノを椅子として認識すれば、それだけでどう使えばいいかわかるわけだ。

このような処理はモノに対してだけではない。アイデアに対しても同じことをする。ニュースの読まれ方を研究したドリス・グレイバーは、記事内容が比較的すみやかにスキーマへと変換され、記憶されることをあきらかにした。[22]「読んだ際に重要ではないと感じた部分や記事の文脈などは、どんどん削られる」「そうして削ったり研いだりする際に記事のさまざまな面が圧縮されてゆく」(『ニュースの処理』[23])。流れ弾で子どもが死んだシーンをニュースで見ると、子どもの姿や悲惨な状況だけが記憶され、全体として犯罪率は低下しているという報道内容は記憶に残らない可能性があるわけだ。

スキーマは、現実に起きていることの直接的観測を妨げる場合もある。1981年にクラウディア・コーエンがおこなった研究を紹介しよう。[24]この実験で、被験者は、誕生日を祝う女性のビデオを見せられた。被験者の一部には彼女はウェートレスだと伝えてあり、残りには司書だと伝えてあった。どのような映像だったかと聞かれたとき、ウェートレスだと言われていた人々は女性がビールを飲んでいたことを覚えていたのに対し、司書のほうは眼鏡をかけてクラシックを聴いていたことを覚えていた(ビデオには、この3点、すべてが映っていた)。聞かされていた職業と関連の少ない情報は忘れられがちなのだ。それどころか、スキーマが情報のねつ造をもたらすことさえある。先のグレイバーによると、12種類のテレビニュースを見せたところ、48人の被験者の3分の1が、ニュースがもたらしたスキーマに基づき、情報を追加して覚えていたという。[25]

我々はスキーマを取得すると、それを強化しがちである。我々は自分が知る見方を強化する、つまり、見たいと思うことを見るようになるのだ。これを心理学では確証バイアスと呼ぶ。

確証バイアスを世の中に示した有名な研究に、1951年、カレッジフットボールシーズンの最後におこなわれた試合、プリンストン大学対ダートマス大学に関するものがある。[26] プリンストン大学はこのシーズンずっと無敗で、クォーターバックのディック・キャッツメイアーがタイム誌の特集記事に取りあげられたところだった。試合はスタートから波乱含みだったが、第二クォーターにキャッツメイアーが鼻の骨を折って退場すると荒れまくりとなり、乱闘でダートマスの選手が足の骨を折る重傷を負ったりした。

試合はプリンストンが勝ったが、試合後、両校の新聞が非難合戦をくり広げる。プリンストン側はダートマスが先に反則をしたと非難。逆にダートマスは、クォーターバックのけがでプリンストンが仕返しに走ったと考えた。このとき、このように大きく異なった両校の認識に説明をつけたのが心理学者たちだった。

心理学者はこの試合を見ていない学生を両校から集め、録画を見せて、それぞれが反則をした回数を数えさせた。その結果、ダートマスの反則回数をプリンストンの学生は平均で9・8回と数えたのに対し、ダートマスの学生はわずか4・3回だった。録画を見せられたダートマス卒業生のなかには、一部が削除されているのではないかと文句を言う人もいた。うわさに聞いた大騒ぎのシーンがなかったというのだ。両校とも、ファンは自分たちが見たいものを見て、録画内容を正しく見ることはなかったわけだ。

政治学者のフィリップ・テトロックも、専門の異なる学者や専門家を呼んでそれぞれの専門から将来をどう予測するかと聞き、同じような結果を得た。今後10年以内にソビエト連邦は崩壊するか？　米国経済が回復基調に戻るのはいつか？　このような質問を10年にわたってたずねつづけたのだ。専門家だけでなく、そのあたりからつかまえてきた配管工や教師など、政治や歴史について詳しいわけでもない一般人にもたずねた。その結果は、研究をおこなったテトロック自身さえも驚くようなものだった。普通の人のほうが専門家よりもよい予想をしていただけでなく、専門家の予想は大外れだったのだ。[27]

なぜそうなるのだろうか。専門家は、多大な投資をして世界を説明する自分の理論を構築する。だから数年もたつと、右にも左にも自分の理論が見えるようになる。たとえば、バラ色の経済に賭けている強気の株式アナリストは、経済全体が破綻しかねなかった住宅バブルに気づかなかった――誰にでもわかりそうなほどトレンドは明確だったというのに。別に専門家だけが確証バイアスに弱いという話ではない。専門家は「特に」弱いということだ。

島のように孤立したスキーマは存在しない。我々の頭の中でアイデアはネットワーク状に、また、ピラミッド型につながりあっている。「扉」「錠」および関連の概念がなければ「鍵」という概念に意味はない。このような概念をあまり急速に変えてしまうと、すなわち、「錠」側を調整することなく「扉」というコンセプトを変えたりすると、ほかの概念が依存している概念がなくなったり変わったりしてしまい、つながりあった系全体が崩れることも考えられる。このようにスキーマがむしばまれないように支える保守的な精神力が確証バイアスなのだ。

つまり、学びはバランスである。発達心理学で有名なジャン・ピアジェは、これを同化と調節[28]と呼んだ。同化とは、なにかを既存の認知構造に適応させることを言う。ベビーベッド内に置かれた物体はチューチュー吸う物だと認識するときのように。調節は、新しい情報にあわせてスキーマを調整することだ。「これは吸う物じゃない、ガラガラと音をたてるものだ」と気づくときのように。我々は世界に合わせてスキーマを調整し、スキーマに合わせて世界を調整する。そして、成長が進む、知識を構築するというふたつのプロセスのバランスを調整するのだ。

ところが、フィルターバブルは確証バイアスを劇的に強めてしまう。そう作られていると言ってもいい。我々がとらえている世界に合った情報は簡単に吸収できるし楽しい。一方、新しい考え方をしなければならなかったり仮定を見直さなければならなかったりする情報は、処理が苦痛だし難しい。ある政党を熱心に支持する人々は他の政党の話を聞こうとしない傾向があるが、それは当然の反応なのだ。だから、クリック信号を基準に情報環境を構築すると、すでに持っている世界の概念と衝突するコンテンツより、そのような概念に沿ったコンテンツが優遇されてしまう。

たとえば２００８年の米大統領選挙では、バラク・オバマが実はイスラム教徒だとするうわさが根強く流れた。オバマが「本当は」どの宗教を信じているのか、その「証拠」を示すとして、オバマはインドネシアで暮らしたことがあり、フセインというミドルネームを持っているといった電子メールが何百万人にも流された。オバマ陣営はテレビでこれを否定するとともに誤解を解くよう、支援をサポーターに要請した。このような努力のほか、オバマが通う教会のジェレマイア・ライト牧師のスキャンダルがトップページを飾るという出来事まであったが、それでも、このうわさが消えることはなかった。米国人の15%は、オバマがイスラム教徒だと信じつづけたのだ。[29]

ある意味、これは驚くほどのことではない――米国人が政治家について十分な知識を持っていたことなどないのだから。不思議なのは、選挙後、この話を信じる人がほぼ倍増し、しかも、ピュー慈善財団の調べによると、大学卒のほうが増加幅が大きかったという点だ。大学教育を受けた人のほうがそうでない人よりもこの話を信じる傾向がある……なんともおかしなことだ。

なぜ、こうなるのだろうか。メディアのせいだとニュー・リパブリック誌のジョナサン・チェイトは考えている。「ある政党の支持者は自分の政治的信条に沿ったニュースソースを消費する傾向がある。教育程度の高い人は政治関連のニュースに興味を持つ割合が高い。だから、教育程度が高いほうが、まちがったことを学んでしまう可能性がある」[30]。このような現象は昔からあったわけだが、フィルターバブルはこれを自動化してしまう。フィルターバブルに包まれると、すでに知っていることを正しいとするコンテンツの割合が大幅に高くなるのだ。

ここから、フィルターバブルがもうひとつ、学びを妨げる作用を持つことがわかる。トラビス・プルーが「意味脅威」と呼ぶもの、なにがどうなっているのかよくわからず、新しい考え方を理解し、身につける気になる不安定な状況が生まれないようにしてしまうのだ。

プルーら、カリフォルニア大学サンタバーバラ校の研究者は、夢のような不思議な短篇『田舎医者』(フランツ・カフカ著)を元にした読み物、2種類を用いた実験をおこなった。[31]「10マイル向こうに村があり、そこで病に苦しむ男がわたしを待っている。彼とわたしのあいだは、激しい吹雪が満ちている」――こんなふうに物語は始まる。[32] 医者は馬を持っていなかったが、馬小屋にゆくと暖かく、馬がいるかのようなにおいがしていた。馬糞の山から挑発的な馬丁が飛びだし、手伝いを申し出た。馬丁は馬を2頭呼び出し、医者の身の回りの世話をする女性に乱暴しようとする。一方、医者は雪の中、患者の家までさっと移動。これはまだ序の口で、話はどんどんおかしくなる。最後は、脈絡が見えない話とよくわからない格言「たとえ偽りにせよ夜の呼び鈴が鳴ったが最後――もう取り返しがつかないのだ」で終わる。[33]

これを元に作られた話には、意味脅威が仕込まれていた。世界に対する読者の期待を打ちくだき、自分の理解力に対する疑問を揺るがすほどに理解しがたい出来事が。もうひとつの話はもっとわかりやすく、しかもハッピーエンドのもので、わかりやすいイラストも用意されていた。不思議なこと、おかしなことに対する説明も用意されていた。被験者は、このどちらかを読んだあと、数字の並びからそのパターンをみつける作業をする。その結果、おかしな話を読んだグループの方がほぼ倍の成績をおさめた──新しいパターンをみつける能力が大きく向上したというわけだ。「我々の研究で鍵となるのは、次々と起きる予想外の出来事で被験者を揺さぶり、なにがどうなっているのかわからなくさせた点だ。その結果、被験者は、ほかのものでいいから意味を見いだそうとやっきになった」[34]

同じような理由から、フィルタリングされた環境は好奇心に悪影響を与える可能性がある。心理学者のジョージ・ローエンスタインも、好奇心は「情報ギャップ」に直面したとき生じるとしている。[35]欠落感と言ってもいい。プレゼントは中身が見えないようにラッピングされているからこそ、なにがはいっているのか知りたくなる。このように好奇心が刺激されるためには、なにかが隠されていると意識する必要がある。しかしフィルターバブルはさまざまなものをいつのまにか隠してしまうため、知らないことを知りたいという強い気持ちが生まれない。

ヴァージニア大学メディア学科の教授でグーグルを専門に研究しているシヴァ・ヴァイディアナサンは『グーグル化の見えざる代償──ウェブ・書籍・知識・記憶の変容』にこう書いている。「学びというのは、その定義から、自分が知らないこととの遭遇となる。考えもしなかったこととの遭遇、想像もできないこととの遭遇、理解などできないこと、とても楽しめないこととの遭遇となる。なにか別のものとの遭遇──そのような異なるものとの遭遇となる。インターネットを検索する人と検索結果とのあいだにグーグルが置こうとしているようなフィルターは、そのような根源的な遭遇を検索者から隠してしまう」[36]。パーソナライゼーションとは、既存の知識に近い未知だけで環境を構築することだ。スポーツのトリビアや政治関連のちょっとしたことなど、自分のスキーマが根底から揺さぶられることはないが、ただ、新しいものだと感じる情報だけで環境を構築することだ。パーソナライズされた環境は自分が抱いている疑問の解答を探すには便利だが、視野にはいってもいない疑問や課題を提示してはくれない。ここからは、パブロ・ピカソの有名な言葉が思いだされる──「コンピューターは役立たずだ。答えしか与えてくれない」[37]。

フィルタリングが完全におこなわれた世界は予想外の出来事やつながりという驚きがなく、学びが触発されにくくなる。このほかにももうひとつ、パーソナライゼーションでだめになる精神的バランスがある。新しいものを受け入れる心と集中のバランス、創造性の源となるバランスだ。

アデラル社会

各種アンフェタミンを配合したアデラルという薬がある。注意欠陥障害の処方薬だが、過密スケジュールで睡眠不足となった学生の必需品として、難解な研究論文や複雑な実験に長時間、集中するために利用されている。

注意欠陥障害を持たない人にもアデラルはよく効く。軽いドラッグを楽しむ人たちや「マインドハッカー」のオンラインフォーラム、エロウィド（Erowid）には、この薬を使うと集中力が維持できるという証言が山のようにある。「受信箱に電子メールが届いているのではないかと思う脳の部分が機能を停止するらしい。普通だと20分くらいしかコンピューターのスクリーンを見つめていられないのに、アデラルを使うと、1時間はまとめて作業ができる」[38]と、ジョシュ・フォアもオンラインマガジンのスレート（Slate）に書いている。

いま、仕事に対する要求は厳しくなる一方なのに、いろいろとじゃまがはいることが多い。この世界でアデラルは魅力的だ。認知力を高めたらマイナスという人などいないだろう。神経的な能力増強を支持する人たちは、アデラルなどの薬が経済的な未来を左右するとまで言う。「ボストンに住む55歳がムンバイの26歳と競わなければならない時代なのです。（能力を高めてくれるこのような薬を使わないとやれないという）あせりは、今後、強くなりこそすれ弱くなることはないでしょう」と、ニューロテックのコンサルティング会社、ニューロインサイツ（NeuroInsights）のザック・リンチもニューヨーカーにコメントを寄せている。[39]

しかしアデラルには深刻な副作用もある。依存性がある。血圧を大幅に高めてしまう。そしてこれがおそらく最大だと思うが、連関による創造性を弱めてしまうらしい。フォアはアデラルを1週間試し、その力に驚いたという——膨大な量の記事を書き、専門的で難しい記事もたくさん読むことができた。しかし「横が見えなくなる目隠しをしている気分だった」そうだ。同じような体験談がエロウィドにも投稿されている。「この薬を使うと、打算的・保守的になった。友達からは『箱に閉じこもって』考えているように見えると言われた」[40]。ペンシルバニア大学認知神経科学センターのディレクター、マーサ・ファラーは、もっと心配なことがあると言う。「視野が極端にせまい会計士ばかりの世代になってしまうのではないかと心配です」[41]

精神に働きかける向精神薬はほとんどそうだが、アデラルについても、なぜそのような効果を持つのかよくわかっていないし、どういう効果を持つものなのかも完全にはわかっていない。ただ、アデラルが神経伝達物質のノルエピネフリンを増やすことはわかっており、ノルエピネフリンには、新しい刺激に対する感受性を落とす効果がある。ＡＤＨＤ（注意欠陥多動性障害）の患者は、この問題を過集中と呼ぶ。ほかのすべてが意識から排除され、ひとつのことだけに集中してしまうのだ。

インターネットのパーソナライズドフィルターも、アデラルなどの薬と同じように、ごく狭い範囲に注意力を絞りこんでしまう。ヨガが好きならヨガ関連の情報やニュースばかりが増え、たとえばバードウォッチングとか野球とかの情報やニュースはいらなくなってゆく。

完全なる関連性の追求と創造性を醸成する偶然に発見する能力とは、向きが正反対なのだ。「これが好きなら、こちらも好きなはず」と言ってくれるのは便利だが、創意工夫の源とはなりえない。独創力はかけ離れたアイデアを並べることから生まれるのに対し、関連性はよく似たアイデアをみつけることだからだ。つまりパーソナライゼーションは、幅広い知識や総合力が消えて過集中が増えるアデラル社会をもたらそうとしているのかもしれない。

パーソナライゼーションは、創造性やイノベーションをみっつの面から妨げる。まず、我々が解法を探す範囲（「解法範囲」）がフィルターバブルによって人工的にせばめられる。次に、フィルターバブル内の情報環境は、創造性を刺激する特質が欠けたものになりがちだ。創造性というのは状況に強く依存する。新しいアイデアを思いつきやすい環境と思いつきにくい環境があり、フィルタリングから生まれる状況は創造的な思考に適していないのだ。最後に、フィルターバブルは受動的な情報収集を推進するもので、発見につながるような探索と相性がわるいことが挙げられる。めぼしいコンテンツが足元に山のようにあれば、遠くまで探しにゆく理由はないからだ。

アーサー・ケストラーは独創的な著作『創造活動の理論』で、創造性とは「異縁連想」、すなわち思考の母体2種類の交差であるとした――「発見とは、それまで誰も気づかなかった類似性のことだ[42]」。蛇が自分のしっぽを食べている夢を見てベンゼン環を思いついたフリードリヒ・ケクレの例もそうだし、学術分野における引用の手法を検索に応用することを思いついたラリー・ページもそうである。「発見とは、昔からそこに存在していたが、ただ、習慣というまばたきに遮られて見えなかったものに気づいただけということが多い」――ケストラーの言葉である。創造性とは「もともとあった事実やアイデア、機能、スキルを発見し、選択し、入れ替え、組み合わせ、合成するもの」なのだ[43]。

各単語やアイデア、連関が物理的に脳のどの部分で処理されるのかはまだほとんどわかっていないが、脳の概念的なマッピングはおこなわれている。言葉がのどまで出かかっている場合、脳内では実際にそうなっているのだそうだ。また、脳内の物理的な位置関係という意味ではなく、神経のつながり方という意味でだが、近いコンセプトと遠いコンセプトもあるそうだ。この分野の研究者、ハンス・アイゼンクは、マッピング（コンセプト同士をどうつなぎあわせるのか）の個人差が創造的に考えられるか否かを分けている証拠を確認した。[44]

アイゼンクのモデルにおいて創造性とは、組み合わせるべきアイデアのセットを探すことを意味する。観念的な検索空間は、直面している問題と関係が深いコンセプトが中心にあり、外周にゆくほど関係の浅いアイデアに触れることができる。解法範囲とは、どこまで探すのか、その範囲を定めるものだ。「箱から飛びだして考えろ」という表現の箱が解法範囲で、考える範囲を規定する概念的範囲を意味する[45]（もちろん、解法範囲が広すぎるのも問題である。アイデアが増えると組み合わせの可能性が指数関数的に急増するからだ）。

解法範囲が重要であることは、チェスのプログラムを作る人々が体験的に証明してくれた。初期のチェスプログラムは、ありうる手をすべて検討するように作られていた。この場合、検討しなければならない可能性が多すぎて、パワフルなコンピューターでもわずかな手数しか検討できなかった。その後、ヒューリスティックと呼ばれる試行錯誤的な手法が開発され、一部の手を最初に切りすてられるようになってようやく、人間の優秀なチェスプレイヤーに勝てるようになった。解法範囲をいかに狭めるかが鍵だったのだ。

フィルターバブルは、直面している問題と関連の深い情報環境を提供してくれる補助的な解法範囲だと言える。これは便利なことが多い。たとえば「レストラン」を検索する場合、普通は、

「ビストロ」や「カフェ」などの類義語にも興味があるだろう。しかし、学術分野における引用の手法をウェブ検索に応用することをラリー・ページが思いついたときのように、間接的な関係しかないアイデアの異縁連想が必要な場合、フィルターバブルでは視野がせまくなりすぎる可能性がある。

さらに、創造的なブレークスルーのなかには、フィルターが取りのぞくように作られているランダムなアイデアを導入したとき生まれるものさえある。

偶然に発見する能力、セレンディピティは、いつも探しているものと違うものをみつけてしまう『セレンディップの3人の王子』という童話が語源である。イノベーションの進化的視点と専門家が呼ぶものにおいて、無作為のチャンスとは単にたまたま起こるということではなく、必要なものとされる。イノベーションにはセレンディピティが必要なのだ。

新しいアイデアを生みだす文化的なプロセスは新しい種を生みだすプロセスと似ているのではないかと考え、1960年代から研究をおこなった研究者がいる。ドナルド・キャンベルやディーン・サイモントンらのグループだ。進化のプロセスは「無作為な変異と選択的な維持」とまとめられる。無作為な変異とは突然変異や偶然によって遺伝子が変化することで、この変異は混沌としており、どこへゆくのかわからないためにそう呼ばれる。変異の裏に意図はなく、目的地が決まっているわけでもない。ただ、遺伝子がランダムに組み換えられるだけだ。選択的な維持とは、無作為な変異の結果、すなわち子孫の一部が「維持」され、それ以外は死に絶えることをさす。同様に、多くの人に関係のある大きな問題が発生すると、何百万人もの人がさまざまなアイデアをランダムに組み換え、その結果、解決策がみつかることが多いとキャンベルらは言う。実際、似たような時期にさまざまな人がよく似た解決策を思いつくことが多い。

選択的なアイデアの組み合わせは無作為以外の形でもおこなわれる。アイゼンクの「解法範囲」からわかるように、我々は、頭のなかにあるアイデアについてすべての組み合わせを考えたりしない。しかし本当に新しいアイデアは、まさしく無作為の結果として生まれることが多い。ニュートン物理学からアインシュタインの物理学への移行など、パラダイムシフトを追う科学史学者にアーロン・カントロビッチとユヴァル・ネーマンがいる。彼らによると、科学者というのはランダムな組み合わせやおかしなデータを無視することが多いため、実験と予測を毎日くり返す「普通の科学」が無作為な変異の恩恵を被ることは少ないという。

しかし、この世界の見方が根底からシフトするような瞬間は、セレンディピティが関与していることが多い。彼らは「科学が大きく進歩するためには無作為な発見が必要条件となる」と書いているが、その理由は簡潔だ。アインシュタインやコペルニクス、パスツールのような人々は、自分たちがなにを探しているのかまったくわからずに発見にいたることが多いからだ。[46]予想していなかったものほど、大きなブレークスルーになりがちだと言ってもいい。

もちろん、フィルターバブルにおいてもセレンディピティのチャンスがないわけではない。フットボールと地方政治に興味があれば、プレーを見ていて町長選挙に勝つ方法を思いつくかもしれない。しかし、ランダムなアイデアは基本的に少なくなる。それがフィルターバブルが目的とすることのひとつだからだ。パーソナルフィルターのように定量化されたシステムの場合、有益な偶発性やランダムな刺激と単純に無関係なものとを区別することは不可能に近い。

フィルターバブルが創造性を鈍らせるもうひとつの理由は、いままでにない画期的な考え方をもたらす多様性を取りのぞいてしまうからだ。カール・ドゥンカーが1945年に発表した、創造性に関する有名な試験がある。箱にはいった画びょう、ろうそく、マッチを被験者に与え、「テーブルにろうがたれないように、ろうそくを壁に取りつける」という課題を与える[47]（もちろん、壁が燃えてもいけない）。普通、壁にろうそくを画びょうで留めようとしたり、ろうそくを少し溶かし、そのろうで壁に取りつけようとしたり、あるいはまた、壁の上にろうと画びょうで複雑な構造物を作ろうとしたりする。正解は（ネタバレ注意）、実はとてもシンプルだ。壁に箱を画びょうで留め、その箱にろうそくをおけばいい。

この試験は、創造性を妨げる原因のひとつをあきらかにしてくれる。創造性研究の草分けのひとり、ジョージ・カトーナが「知覚的構えを崩す」ことに対する抵抗と表現したものだ[48]。画びょうがたくさんはいった箱を渡されると、箱を入れ物だと認識しがちである。それを物を載せる台と見るには概念的な飛躍が必要となる。ところが試験のやり方をほんの少し変えると、この飛躍が簡単におこなえるようになる。画びょうと箱を別にして渡すと、かなり簡単に正解へとたどり着けるのだ。

「画びょうがなかにはいっているもの」を「入れ物」というスキーマにマッピングするプロセスをコーディングと呼ぶ。ろうそくを台に載せられる創造的な人は、ひとつのモノやアイデアをさまざまな形でコーディングできる人だ。もちろん、コーディングはとても役に立つ。そのモノでなにができるのかをあきらかにしてくれるからだ。あるモノを「椅子」というスキーマに当てはめれば、迷わず座ることができる。ただ、あまりにせまいコーディングをすると、創造性が妨げられてしまうのだ。

創造的な人は同じものをさまざまな形で見て、アーサー・クロプレイが言う「包括的カテゴリー」に分類すると、さまざまな研究で確認されている。[49] 1974年におこなわれたおもしろい研究では、この特質が過ぎるとどうなるかを見ることができる。この実験で、被験者は、似ているモノを選ぶようにと言われる。「作家である被験者ナンバー30は、全部で40のモノを選び出した……お菓子の葉巻に対し、彼は、パイプ、マッチ、葉巻、リンゴ、角砂糖を選んだ。理由は、すべて、消費に関連しているからだそうだ。リンゴに対しては、釘がささった木片しか選ばなかった。リンゴは健康と活力（陰陽の陽）を象徴し、木片は釘が打たれた棺《ひつぎ》で死（陰陽の陰）を象徴しているからだそうだ。ほかの課題における選択もこのような感じだった」[50]

包括的カテゴリーを使うのは、芸術家や作家だけではない。クロプレイが『教育と学びの創造性』で紹介しているように、物理学者のニールス・ボーアも、1905年にコペンハーゲン大学の試験でこの手の冴えを見せたことで有名だ。この試験では、気圧計を使ってビルの高さを測るという問題が出た。もちろんボーアは、ビルの底部と頂部で気圧を測り、計算で高さを求めるという解答が期待されていることを理解していた。その上で彼はユニークな方法を提示する。気圧計にヒモを結んでビルの上から地面まで下ろし、そのヒモの長さを測るというのだ。つまり、気圧計を「重さのある物体」としてとらえなおしたわけだ。[51]

教官はこの解答を不愉快に思い、落第点をつけた。たしかに、物理学の理解という意味で見るべきもののない解答ではあった。これにボーアは反論。今度は4種類もの別解を提示した。まず、ビルの上から気圧計を落とし、それが地面にぶつかるまでの時間を計測する（気圧計を質量ととらえる）。気圧計とその影の長さ、そしてビルの影の長さを測り、そこから高さを算出する（気圧計を長さを持つ物体ととらえる）。気圧計にヒモをつけ、それを地上とビル頂部で揺らして重量の差を求める（気圧計を質量ととらえる）。あるいは、気圧を算出することにも使える。こうしてボーアは試験にパスしたわけだが、ここから得られる教訓はあきらかだろう——切れ者の物理学者と関わり合いになるな、だ。冗談はさておき、この逸話から、ボーアがなぜあれほど優れたイノベーターであったのか、その理由がわかる。モノとコンセプトをさまざまな方向からとらえる能力が高かったため、さまざまな問題を解くことができたのだ。

創造性を支えるにはカテゴリー的にオープンなほうがいいわけだが、そのようなオープン性はまた、ある種の幸運をもたらす。無作為な数字を推測しろと言われれば我々は皆等しく下手なわけで、一部の人が森羅万象に愛されていると科学的に証明することはできない。しかし、自分は運に恵まれていると考える人がたしかにいる。新しい体験や新しい人との出会いを歓迎したり、なんでも楽しんだりする人々だ。

英国ハートフォードシャー大学で運の研究をしているリチャード・ワイズマンは、運に恵まれていると思う人と不運だと思う人に新聞をわたし、写真の数を数えさせた。この新聞には加工が施されており、2ページ目には大見出しで「数えるのをやめなさい――写真は43枚だ」と書かれていた。別のページには、この記述に気づいたら150ポンドをあげると書かれていた。「不運だと思う人たちは、この記述に気づかずに終わるのが大半だった。幸運だと思う人たちはページをめくると笑いだし、『写真は43枚だそうです。ここにそう書かれています。それでも数えるんですか?』と聞いてくる。『ええ、続けてください』と言うと、もう何ページか数え、『150ポンドはもらえるんですか?』とたずねてくる。しかし不運だと思う人たちは、まず気づかない[52]」

このように柔軟な考え方や包括的カテゴリーを醸成するには、自分と異なる人やアイデアに触れるのが一番である。心理学者のチャーラン・ネメスとジュリアンヌ・クワンは、2カ国語を操れる人のほうが1カ国語しか使えない人よりも高い創造性を持つことを見いだしたが、そうなる理由は、同じものにもさまざまな見方があることに2カ国語が使える人は慣れなければならないからだろう[53]。異なる文化との接触は、わずか45分間でも創造性を高めてくれる。中国のスライドを見せた米国人学生のグループと米国のスライドを見せたグループは、創造性に関する試験で前者のほうが高い得点を得た。企業でも、さまざまな部門とつきあいがある人のほうが、自分の部署としかかかわりをもたない人よりもイノベーションを生みだすことが多い。なぜそうなるのか、その原因は特定されていないが、ともかく、なじみのないアイデアに触れると固定化したカテゴリーから飛びだしやすくなるのだ。[54]

しかし、フィルターバブルは、アイデアや人の多様性に適した造りとなっていない。新しい文化を導入するようにはできていないのだ。そのため、フィルターバブルに包まれて暮らすと、異なるものとの接触から生まれる精神の柔軟性やオープン性が損なわれるおそれがある。

このようなことも問題だが、パーソナライズドウェブが持つ最大の問題は、そもそも発見モードで過ごす時間が減ってしまうことだろう。

発見の時代

サイエンスライターのスティーブン・ジョンソンは『優れたアイデアはどこで生まれるのか?』で「イノベーションの自然史」と題し、創造性がどのように生まれるのか、歴史をふり返って浮き彫りにした。[55] 創造的な環境には、多くの場合、さまざまなアイデアがいろいろな形でぶつかり合う「流動的なネットワーク」がある。創造性はセレンディピティから生まれることが多い。つまり、ある問題の解答を探していたら別の問題の解答をみつけてしまうことから生まれるため、無作為の衝突がおきがちな場所から生まれることが多い。「革新的な環境は、近辺の探索をやりやすくしてくれる」。言い換えると、複数のアイデアを組み合わせて新しいアイデアを生む異縁連想の領域を探索できる。「なぜなら、そのような環境は概念的なものも具体的なものも、さまざまな種類のスペアパーツを見せてくれ、それらのパーツを画期的な方法で組み合わせることを推進してくれるからだ[56]」

この本には、原始スープからサンゴ礁、ハイテクオフィスなど、このような環境の例が数多く登場するが、そのたびにジョンソンが立ちかえるのが都市とウェブのふたつだ。「複雑な歴史的理由から、このふたつはいずれも、優れたアイデアの創造、拡散、普及に適したパワフルな環境となっている[57]」

ジョンソンが正しかったことはまちがいない。パーソナライズされていなかった昔のウェブは、たしかに、並ぶものがないほどリッチで多様な環境だった。「ウィキペディアの『セレンディピティ』という項目からは、LSD、テフロン、パーキンソン病、スリランカ、アイザック・ニュートンなど、200項目ほどもの多様な項目へリンクが張られている[58]」

しかし、フィルターバブルの登場で、我々が出会うアイデアを決める情報物理学が劇的に変化した。パーソナライズされた新しいウェブは、かつてほど創造的な発見に適したものではなくなってしまったのだ。

ヤフーが王として君臨していたワールドワイドウェブの草創期、オンラインはまだ地図のない大陸という感じで、ユーザーは自分たちを探検者、発見者だと思っていた。さしずめヤフーは村の宿屋というところで、多くの人が集まり、おかしな獣の話や海のむこうにみつけた陸地の話を交換していた。「探検や発見からいまのように目的をもった検索の世界に変化するなど、思いもよらないことでした」と、当時、ヤフーの編集者をしていた人物は語っている。「いまは、みつけたいモノがかならずあるはずだと思ってオンラインにアクセスします。これは大きな変化です[59]」

発見指向のウェブから検索・取得を中心としたウェブへの移行には、創造性にまつわる検索のある一面が反映されている。創造性とは、鍵となる部分が少なくともふたつあるプロセスだと専門家は言う。目新しいものを生みだすには、外へ広がる肥沃《ひよく》な思考を十分におこなう必要がある――ケストラーの言う入れ替え・組み換えだ。そしてそのあと、選別プロセスとなる収束的思考により、状況に適した選択肢を選びだす必要がある。ジョンソンがたたえたセレンディピティをもたらす偶然性の強いウェブ、ウィキペディアの項目から項目へとジャンプできるウェブは、外へ広げてゆくプロセスに適した特性だ。

これに対してフィルターバブルの普及は、収束にむけてまとめてゆくプロセスが組みこまれつつあることを意味する。バッテルはグーグルを「意図のデータベース」と呼ぶ。検索語は、誰かがしたい、知りたい、買いたいと思ったものを示すからだ[60]。グーグルの中核となるミッションは、さまざまな形でこの意図を行動へ変えることだと言える。しかし、これがうまくいけばいくほど、セレンディピティは減ってしまう。当たり前だ。セレンディピティというのは、意図しないものにぶつかるプロセスなのだから。知りたいとわかっていることをみつけるにはグーグルが便利だが、知りたいとわかっていないことをみつけるには不向きなのだ。

この効果をある程度、緩和しているのが膨大な情報量である。オンラインのコンテンツは史上最大級の図書館を合わせたよりはるかに多い。進取の気性で情報探検の旅にでれば、いくらでも楽しむことができる。ただ最近は、パーソナライゼーションの対価として、この旅が少し受動的になってしまった。パーソナライゼーションが進化すればするほど、探検する必要性が減ってゆく。

本当に有用なコンピューターとするためには夢の論理を組みこむ必要があると、エール大学の教授でスーパーコンピューティング界の草分け、デイヴィッド・ガランターは言う。「どうすればネットに『漂泊』を組みこめるのか――これは、このサイバー世紀において最大級に難しく、最大級に興味をそそられる問題である。漂泊を組みこめば、（疲れたときに心がふと関係ないことを思い浮かべるように）ときどき、行こうと考えていなかったところに視野が移動する。マシンに触れれば元のトピックに戻る。我々は、時として合理性のくびきから解放され、ちょうど夢のなかでするように、思考を自由にさまよわせ、変質させる必要がある」[61]。本当に人の役に立つためには、アルゴリズムを人と同じようにもっとあいまいで、場合によって結果が違うものにする必要があるのかもしれない。

カリフォルニア島にて

1510年、冒険とスリルに満ちた『オデュッセイア』のような小説『エスプランディアンの偉業』をスペインの作家ガルシ・ロドリゲス・デ・モンタルボが出版した。この本には、カリフォルニアという大きな島が登場する。

インド諸島の右側、地上の楽園のすぐわきにカリフォルニアと呼ばれる島がある。そこに住むのは黒人の女だけで男はいない。アマゾンのような暮らしをしているからだ。彼女らは美しく頑健な体を持ち、勇敢でとても強かった。島は断崖や岩だらけの海岸を持ち、世界最強だった。武器はすべて金《きん》でできていたし、飼いならして騎乗に使っている獣《けもの》の装具も金だった。この島には、金以外の金属がなかったからだ。[62]

金のうわさがカリフォルニア島の伝説を欧州中に広げ、数多くの冒険家が探索の旅にでた。アメリカ大陸の植民地化を進めたスペイン人、エルナン・コルテスも、スペイン王から資金を得て世界的な探索に乗りだした。そして、今日《こんにち》、バハ・カリフォルニアとして知られる半島を1536年に発見し、そここそカリフォルニア島に違いないと考えた。しかし航海士のひとり、フランシスコ・デ・ウリョアがカリフォルニア湾に沿ってコロラド川の河口へ到達し、金があるかないかはともかく、伝説の島をみつけたわけではないことが判明する。

それでも、カリフォルニアが島だという誤解はその後数世紀も続く。バンクーバー近くのピュージェット湾が発見されたときも、そこからバハまで海が続いていると信じられた。1600年代にオランダで作られた地図には、どれも、北アメリカ大陸の半分ちかくという巨大な島が大陸のすぐ脇に描かれていた。イエズス会宣教師が文字どおり内陸へと歩みを進め、反対側に到達できないことが確認されるまで、この神話が消えることはなかった。

この誤解がここまで長く信じられたのは、ごく単純な理由によるのかもしれない。「わからない」ことを示す地図記号がなく、そのため、推測と実際に観測されたものとの区別があいまいになってしまったのだ。カリフォルニア島は地図史上最大級のまちがいであり、この件から、我々が知らないことよりも知らないと知らないことのほうが大きな問題なのだとわかる。元国防長官ドナルド・ラムズフェルドの有名な言葉、「未知の未知」である。

ここも、パーソナライズドフィルターによって我々が世界を正しく認識しにくくなる部分だ。このフィルターによって地図の認識が変わってしまう。いや、もっとまずいことに地図から空白の部分をなくし、既知の未知を未知の未知へと変換してしまうことが多い。

パーソナライズされていない従来型メディアは、一般に代表性を売りにする。その日のニュースをほぼ代表する紙面とするのが新聞編集者の仕事なのだ。これはまた、未知の未知を既知の未知に変える方法でもある。新聞をぱらぱらとめくり、大半を飛ばして一部の記事だけ読んだとき、少なくとも、自分が読まなかった記事や面があることはわかる。記事は読まなくても、パキスタンの洪水に関する見出しには気づくかもしれないし、それこそ、パキスタンという国があったことは思いだすかもしれない。

フィルターバブルのなかは状況が大きく違う。興味がないものは目にはいらなくなる。大きな出来事やアイデアを見のがしていることに、無意識にさえ気づかなくなる。全体的な環境がどうなっているのかがわからなければ、目の前に提示されるリンクをクリックしても、それがどの程度の代表性をもつものなのか判断することはできない。統計学を少しでもかじった人ならわかるはずだが、サンプルだけを見てもそのサンプルがどの程度偏っているのか、知ることはできない。サンプルを比べる相手が必要なのだ。

ほかに方法がないのであれば、せめて、提示されるモノをよく見て、それが代表サンプルに見えるかどうか考えることはできるだろう。対立する意見が存在するか？　異なる解釈は存在するか？　さまざまな種類の人が考慮されているか？　やらないよりはましだろうが、このやり方が解決策とはならない。インターネットほど巨大な情報のセットにはフラクタルな多様性というものが存在し、どのようなレベルにおいても、それこそ、ごく狭い情報範囲（たとえば不信心なゴシックロック・ミュージシャン）においても、たくさんの意見とさまざまな解釈が存在するからだ。

世界全体をまとめて体験することは不可能だ。しかし、優れた情報ツールがあれば、そのどこに自分がいるのかは感じられる――図書館においては文字どおりの意味で、新聞トップページにおいては比喩的な意味で。これが、ユーリ・ノセンコについてＣＩＡが犯した基本的なまちがいだ。ＣＩＡはノセンコについて特殊な情報のセットを集めたが、それがどのように特殊であるのかを理解しておらず、その結果、賢いアナリストが大勢、何年もの時間をかけて分析したにもかかわらず、人物全体を俯瞰すればすぐにわかったはずのことがわからなかったのだ。

パーソナライズドフィルターには、普通、ズームアウト機能が用意されていないため、自分の位置を見失い、変化に富む巨大な大陸を小さな島だと勘違いしてしまいがちである。

第四章
自分ループ

これはパーソナルコンピューターとはなんであるのかをあきらかにする旅なのだと思います。人生を丸ごととらえることなのです。[1]

——ゴードン・ベル

『フェイスブック　若き天才の野望』を書いたジャーナリスト、デビッド・カークパトリックに、フェイスブックの創立者、マーク・ザッカーバーグはこう語った。「アイデンティティはひとつだけ。仕事上の友達や同僚と、それ以外の知り合いとで異なるイメージを見せる時代は、もうすぐ終わる……2種類のアイデンティティを持つことは、不誠実さの見本だ」[2]
その1年後、この書籍が出版された少しあと、26歳のザッカーバーグはカークパトリックとNPRのインタビュアー、ガイ・ラズとともにカリフォルニア州マウンテンビューにあるコンピューター歴史博物館のイベントに登壇していた。
「人が持つアイデンティティはひとつにすべきだとあなたが語ったと『フェイスブック　若き天才の野望』には書いてありました……しかし、家族といるときと同僚といるときでわたしの言動には違いがあるのですが」[3]
ザッカーバーグは肩をすくめる。
「いや、僕はそう言ったはずなんだけど」
「あなたは、いま、友達といるときと同じにふるまっていますか？」
「ええ、まあ。いつもの口べたな僕です」[4]

マーク・ザッカーバーグがごく普通の二十代の若者なのであれば、このような思考の乱れも普通のことと受け流していいだろう。アイデンティティとはなんであるのかという哲学的な思索にふける人はあまりいないからだ。しかしザッカーバーグは、我々が自分を管理・表現する技術として世界でもっともパワフルで広く使われているものをコントロールする立場にいる。そして、このことに対する彼の考えは会社のビジョンの中核をなすものであり、また、インターネットのビジョンの中核をなすものでもある。

ニューヨークでおこなわれたアド・ウィーク誌のイベントでフェイスブックのCOO、シェリル・サンドバーグは、インターネットはこれから急速に変わるだろうと語った。「人々が欲しいと思っているのは、世界にむけて発信されたものではありません。自分が見たい、あるいは知りたいと思うことに関係のあるものなのです」。そして、3年から5年のうちにそれが普通になると予想した。[5] フェイスブックは、この変化の中心になろうと考えている。ユーザーの個人情報やソーシャルデータを組みこむ際、他のサービスやウェブサイトが利用する唯一のプラットフォームになろうと。アイデンティティはひとつだけ――フェイスブックにおけるアイデンティティだけとし、どこにゆこうとその色に体験を染めあげようというのだ。

これは、インターネットの草創期からは想像もつかない変化だ。当時は、自分のアイデンティティをあきらかにしなくてよいことがインターネットの大きな魅力だと言われた。チャットルームでもオンラインフォーラムでも、性別や人種、年齢、居住地などはすべて当人が申告したとおりだとみなされ、そのように好きな皮をかぶれるからこの媒体はすばらしいと、皆、大喜びした。のちに電子フロンティア財団の共同創立者となるジョン・ペリー・バーロウも、「人種、経済力、軍事力、出生地などに基づく特権も偏見もない形であらゆる人を受けいれる世界を作る」のだと夢見た。[6] 規範に背き、未知の領域を探検したいと思う人にとって、ほかのペルソナを身にまとって試したいと思う人にとって、この自由は革命的なものに感じられた。

しかし、法制度や商業活動が技術に追いつくにつれ、匿名性を持つオンライン空間は縮んでいった。匿名の客が詐欺を働く、匿名のコメンターが炎上の原因を作る、匿名のハッカーが問題を起こす……そのようなことがあっても、匿名の人間には行動の責任を取らせることができない。コミュニティや資本主義の基盤となる信頼関係を作るためには、まず、相手が誰なのかを知る必要がある。

その結果、ウェブの匿名性を排除しようとする企業が数多く出現した。レートマイプロフェッサーズ・ドット・コム（RateMyProfessors.com）のクリエーターが興した企業、ピークユー（PeekYou）は、ハンドルネームを使ってオンラインでおこなわれた行動とそれを実際におこなった人物の実名とを結びつける方法の特許を出願している。[7] フォーム（Phorm）という企業は、DPI（ディープパケットインスペクション）という技術を使い、インターネットサービスプロバイダーのサーバーを通過するトラフィックを分析する手法を提供している。こうしてユーザーごとにほぼ完全なプロフィールを構築し、それを使って広告やパーソナライズされたサービスを提供しようというのだ。ここまでするのはインターネットサービスプロバイダーも二の足を踏むかもしれない。だが、世界中に存在するコンピューター、スマートフォン、オンライン対応ガジェットを洗いだしてデータベースを作り、それらを実際に使っている人々との対応をとろうとしているブルーカーバ（BlueCava）という企業もある。[8] ウェブブラウザーのプライバシー設定を一番厳しくしておいても、自分が誰であるのかがわかってしまうように近い将来なるのかもしれない。

このような新技術が登場すると、いままでより格段に執拗《しつよう》なパーソナライゼーションが可能になる。また、今後は、我々が本当はどういう人物であるのかについて、このような処理をおこなう企業が正しく処理し、表現してくれると信じるしかなくなるという面もある。見知らぬ人とバーや公園で会ったとき、我々は、言動から相手の印象を把握する。これをオンラインでやろうとするのがフェイスブックをはじめとするアイデンティティサービスだ。サービス側の処理が正しくおこなわれなければ、いろいろとゆがんだりあやふやになったりするだろう。このパーソナライゼーションを正しくおこなうためには、まず、人物を表すものについて正しく認識する必要がある。

アイデンティティとパーソナライゼーションのあいだには、もうひとつ、別の緊張関係も存在する。パーソナライズドフィルターは、ほとんどが3段階のモデルを採用している。まず、どういう人でなにを好むのかを把握する。次に、その人に合わせたコンテンツとサービスを提供する。最後に、正しくフィットするように微調整をおこなう。つまり、アイデンティティがメディアを形づくるわけだ。しかし、この論理には問題がひとつある。メディアがアイデンティティを形づくる面もある点だ。そのため、人とメディアがぴったりの関係となるように……人のほうを変えてしまうことも考えられる。自らの行動によって現実となる世界を意味する自己充足的予言というまゆつば物の言葉があるが、我々は、いま、自己充足的アイデンティティの時代にはいろうとしているのだ。インターネットでゆがめられた自分の像が本物の我々になる時代に。

パーソナライズドフィルターは、運命を選ぶ力にさえも影響を与える可能性がある。情報法学者のヨハイ・ベンクラーは、よく引用される論文「セイレーンの歌声とアーミッシュの子ども」において、情報源が多様になれば我々は自由になれると説いた[9]。自律というのは扱いが難しいコンセプトだとベンクラーは言う。自由であるためには、自分がしたいと思うことができるだけではなく、なにができるのかを知ってもいなければならないというのだ。論文の題名にもなっているアーミッシュの子どもは「ウィスコンシン州対ヨーダー」という有名な訴訟の原告で、この訴訟では、近代生活に触れずにすむよう公立学校に行かせないことを両親が求めていた。これは、この子どもたちにとって自由がおびやかされることだとベンクラーは言う。宇宙飛行士になれる可能性があると知らずにいるのは、その可能性を知ったうえで禁止されるのと同等だというのだ。

もちろん、選択肢が少なすぎるのと同じくらい多すぎるのも問題で、選択肢が多すぎると迷ってしまったり選択のパラドックスに陥ったりする。しかし、フィルターバブルが自分のアイデンティティを反映するだけではないという基本的な部分は変わらない。選択肢さえもフィルターバブルが決める。アイビーリーグの大学生に対しては、州立大学の学生が思いもよらない求職が提示される。プロフェッショナルな研究者の個人的なフィードには、アマチュアには知らされない論争の記事が含まれるかもしれない。選択肢の一部を提示し、残りはブロックするという形で、フィルターバブルはあなたの決定に影響を与える。それはとりもなおさず、あなたがどういう人になってゆくのかを決めることでもある。

「あなた」を表現するおそまつな方法

ほとんどの人が、いまもなお、パーソナライズドコンテンツよりも放送メディアを主体としていることもあり、パーソナライゼーションがアイデンティティの形成にどう関わるのかは、まだ明確になっていない。しかし、フィルタリングをおこなっている大手企業がアイデンティティをどうとらえているのかを見れば、変化の方向性を予想することは可能だろう。パーソナライゼーションをおこなうためには、ある人物を形成しているのがなんであるのかを仮定する必要がある。つまり、どのデータが人となりを規定しているのかを仮定しなければならないわけだが、この部分は考え方が大手のあいだでも大きく異なる。

たとえばグーグルのフィルタリングシステムは、ウェブ履歴とユーザーがなにをクリックしたか（クリック信号）を中心としてユーザーが好むものと嫌うものを推測する。このクリックはほぼ完全にプライベートな状況でおこなわれ、「腸内ガス」の検索もセレブのゴシップの検索もあなたとブラウザー以外は知るものがないのが普通だ。誰かに見られていると思えば行動が変わることもあるだろう。であるのに、その行動をもとに、あなたが見るグーグルニュースのコンテンツが決められ、グーグルが表示する広告が決められる。つまり、グーグルが考える「あなた」が決められるのだ。

フェイスブックはまったく違う方法でパーソナライゼーションをおこなう。もちろんクリックも追跡しているはずだが、フェイスブックでは、基本的に、なにを公開し、誰とやりとりしているかからアイデンティティが導かれる。これはグーグルと大きく異なる。だいたい誰でも、エロいもの、くだらないもの、ちょっと恥ずかしいものなど、ステータスアップデートで友達に公開するのがはばかられるようなものをたくさんクリックしているはずだ。逆もまた真である。わたしは、ときどき、ハイチ再建の詳しいルポルタージュや政治問題など、ほとんど読みもしないリンクを共有《シェア》する。そういう人物だと友達から見られたいからだ。このように、グーグルの自分とフェイスブックの自分は人物像が大きく異なる。「クリックしたものがあなた」と「シェアしたものがあなた」はまったく違うのだ。

どちらのやり方にもメリットとデメリットがある。グーグルのクリックを基礎とした自己であれば、ゲイだと親にさえカミングアウトしていないティーンエージャーも、パーソナライズされたグーグルニュースのフィードから、さまざまなゲイコミュニティの記事を手に入れ、自分はおかしくないのだと安心できる。同時に、クリックから自分が構築されると、条件反射的につい見てしまうものへと偏ってしまいがちだ。ゴシップサイト、TMZ・ドット・コム（TMZ.com）を熟読していると、ブラッド・ピットの結婚をめぐる騒動がニュースとして提示される可能性が高くなるなどだ（グーグルはポルノを低く評価するが、そうでなければ事態ははるかに悪くなるだろう）。

フェイスブックの共有《シェア》を基礎とした自己は上昇志向だ。自己申告を信じ、ほかの人からこう見られたいと思う自分にしてくれる。フェイスブックの自分は演技的な色彩が強くて行動主義に基づくブラックボックスという面は控えめになっており、信号を束ねるグーグルのやり方よりも社会に受けいれられやすいと思われる。そのようなフェイスブックのアプローチにも問題はある。公の自分が前面にでる分、プライベートな興味関心の余地が小さくなるのだ。さきほど例にあげたゲイのティーンエージャーがフェイスブックを使っていれば、その情報環境は、本当の自分とかけはなれたものになるだろう。フェイスブックでは不完全な自分にしかならないのだ。

どちらも人物の表現としてはおそまつだが、その理由として、どういう人物であるのかをデータのセットで表現すること自体が不可能という点があげられる。「財産、職業、購入品目、財力、病歴などの情報からすべてがわかるわけではない。人というのは、暮らしに伴って生みだされるデータ以上の存在だからだ」と、プライバシーの専門家、ダニエル・ソロブも述べている。[10]

コンピューターアニメーションやロボット工学では「不気味の谷」という問題がよく発生する。本物とよく似ているが、生きていると思えるほどではないものを見ると、人はぞっとする。そのレベルを不気味の谷という。普通の人をコンピューターアニメーション化した映画がないのは、ある意味、不気味の谷によるもので、人間によく似ているが微妙に違うと観客が動揺してしまうからだ。パーソナライゼーションも、この「不気味の谷」にさしかかっている。メディアに反映された分身は自分にかなりよく似ているが、完全に自分自身というわけではない。また、このあと紹介するように、データと現実とのギャップで重要なものが一部、失われるという問題がある。

まず、「アイデンティティはひとつ」というザッカーバーグの言葉が正しくないことを指摘しておこう。これは、心理学で「基本的な帰属の誤り」と呼ばれる誤信だ。言動はその人が置かれた状況によるものではなく、その人の特質や個性によるものと我々は考えがちだ。あきらかに状況が強く影響している場合でも、人物と切りはなして言動を見ることは難しい。[11]

また実は、性格というのも驚くほど流動的だ。職場では押しが強いのに家に帰ると気弱な人もいる。機嫌がいいときは社交的だがストレスを感じると引っ込み思案になる人もいる。他者を傷つけたくないなどの根本的な特質さえ、状況によって変化することがある。このことを確認したのが、スタンレー・ミルグラムという心理学者が１９６０年代にエール大学でおこなった有名な実験だ——常識的な人でさえ、白衣を着た人に指示されると感電死するレベルの電気ショックを他の人に与えたのだ（電気ショックをうける被験者は役者で、本当のところ、電気ショックは加えられていない)[12]。

このようにふるまうには、わけがある。家族と夕食をたべるときに適した性格では、電車で他の乗客と言い争いになったときや仕事で報告書を仕上げなければならないとき、うまくいかない可能性がある。常に同じ言動では対応できない社会的状況やがまんできない社会的状況に対しても、自己を柔軟に変えられるからこそ対応できるわけだ[13]。これは、広告の世界では昔から知られた現象である。朝の出勤時間帯にビールの広告を耳にすることは少ないが、これが時間帯区分と呼ばれるもので、朝8時と夜8時で人々の願望が変化するからだ。同じように、繁華街と住宅街では屋外広告の内容が異なる。

ザッカーバーグは、自身のフェイスブックページで「いいね!」のトップのほうに「透明性」を挙げている。しかし、完全な透明性には問題もある。プライバシーは、もともと、複数の自分を分けて管理・維持するためにも使われるものだからだ。アイデンティティがひとつだけになると、パーソナライズによる順応に役立つ微妙な陰影が失われてしまう。

パーソナライゼーションでは仕事の自分と遊びの自分のバランスが把握されないし、なりたいと思う自分といまの自分という緊張関係がおかしくなってしまう。言動は、未来の自分と現在の自分のバランスを取る活動なのだ。将来的にはスリムな体になりたいが、いまはお菓子が食べたい。将来的には多彩で博識な知識人になりたいが、いまは『マカロニ野郎のニュージャージー・ライフ』を観て笑いたい。このような、未来の自分に望むことと現在の望みとのギャップを行動経済学者は現在バイアスと呼ぶ。

だから、ネットフリックスで借りる予定のリストにたくさんの映画がたまってしまう。これは将来的な望みといまの欲望がせめぎ合っているからだと、ハーバード大学とアナリストインスティテュートの共同研究で確認されている。[14]『不都合な真実』や『シンドラーのリスト』などの「観るべき」映画も予定リストに入れられることが多いがそのまま放置され、『めぐり逢えたら』などの「観たい」映画ばかりが借りられてゆく。[15]また、観る映画をいますぐ3本選べと言われたとき、「観るべき」映画を選ぶ人はほとんどいない。一部の映画は常に、あす観よう、なのだ。

メディアがうまく機能すると現在バイアスが緩和される。「読みたい」記事に「読むべき」記事を混ぜ、複雑な問題を理解するという大変だが得るものも多い作業へといざなってくれる。しかし、フィルターバブルはその逆に働く。クリックしているのは現在の自分であり、どうしても「べき」より「したい」がクリックに反映されるからだ。

「アイデンティティはひとつ」は、根本的な欠陥ではない。むしろバグだと言ったほうがいいだろう。ユーザーのアイデンティティはひとりにひとつだとザッカーバーグは考えているが現実は違うのだから、フェイスブックは情報環境をうまくパーソナライゼーションできないことになる。「技術のニュアンスに反映されているものは、なにをもって人というのか、その微妙なニュアンスから大きく外れている」と、ジョン・バッテルはわたしに語ってくれた。[16]十分なデータがあり、十分なプログラマーがいれば、状況依存というこの問題は解決が可能なはずだし、パーソナライゼーションのエンジニア、ジョナサン・マクフィーによるとグーグルが解決の努力をしているという。[17] インターネットの初期における匿名性から、いま人気の「アイデンティティはひとつ」まで、振り子は大きく振れた。将来的には、中間のどこかに落ちつくのだろう。

ともかく、この「アイデンティティはひとつ」問題から、アイデンティティというものを誤解している企業に個人的なデータをわたすとどのような危険があるのかがわかる。複数の役割やコミュニティに対応するため、我々は、アイデンティティを区分けする。だから、夕方、フィルターバブルのなかがほぼ一色に染まっていたら困るはずだ。どんちゃん騒ぎの自分に切り替えたいのに、一晩中、仕事の影に悩まされてしまう。

また、行動のすべてが永久記録としてオンラインに残されるとなると、また別の問題も生じる。自分の行動によって自分に見えるものや自分に対する企業の見方がかわるというのはこわいことだ。遺伝子関連のプライバシーを専門とするマーク・ロスシュタインによると、遺伝子データは管理をめぐる規制がいいかげんで、そのため、ある種の病気につながる遺伝子を持っているかどうかの検査を受けたがらない人がいるという。パーキンソン病の遺伝子を持っているからと保険を拒否されたり料率があがったりするなら、検査せず、「危険な情報」を得ないほうが得策という考え方にも一理がある。[18]

同じように、オンラインにおける行動が記録され、それをもとに企業がさまざまな決定をおこなうのであれば、ネットサーフィンの仕方も変わってくるだろう。『信用情報を修復する101の方法』という本を買うと、与信枠の小さなクレジットカードしか取れなくなるとわかっているなら（あるいは、そうかもしれないと思っただけでも）、この本を買うのはやめるだろう。「言動がすべて公になると思うと、非難やもっと明確な報復が返ってくるかもしれないと怖くなり、プライベートに保たれるとわかっていればしたり言ったりするはずのことをしなくなる可能性がある」と、法学部教授のチャールズ・フリードは言う。前述のグーグル専門家、シヴァ・ヴァイディアナサンも同意見である。「いまの世界では、スコット・フィッツジェラルドのジェイ・ギャッツビーなどありえない。デジタルの幽霊がついてまわるからだ[19]」

理屈の上では、状況を無視する「アイデンティティはひとつ」問題は解消も不可能ではない。今後は、状況を考慮したパーソナライゼーションになってゆくだろう。長期的な興味と短期的な興味のバランスもうまく取れるようになるかもしれない。しかしそうなった場合、つまり、人々がどういう心理状態にあるのかを正確に測定できるようになった場合、事態はさらに不気味なものとなる。

弱点を狙う

フィルターバブルに組みこまれているロジックは、まだ、高度なものではなく、『アイアンマン』のDVDを買った人は『アイアンマン2』も買うだろうとか、料理の本が好きな人はキッチン用品にも興味があるだろうといった程度である。しかし、スタンフォードの学生でフェイスブックのアドバイザーをしているディーン・エクルズにとって、このように単純な推薦を提示するのは始まりに過ぎない。エクルズが興味を持っているのは結果ではなく過程である。どういう商品を好むかより、いろいろあるなかから特定の商品をなぜ選ぶのか、その理由の方に興味があるのだ。

デジタルカメラなど、なにか製品を買うとき、選ぶポイントは人によって異なる。専門家や製品紹介サイトの推薦があると安心する人もいる。人気の高い製品がいいという人もいれば、値引きに惹かれる人もいるし、ブランドで選ぶ人もいる。あるいはまた、エクルズが「高度な認知」と呼ぶ、少し考えないとわからない微妙なポイントに反応する人もいる。[20] もちろん、わかりやすいメッセージで頭をぶん殴られると反応する人もいる。

このように説得や検証について、皆、好みのスタイルを持つわけだが、同時に、買う気をなくすスタイルというものもある。値引きに飛びつく人もいるが、逆に、それは商品が「わけあり」であることを示すと考える人もいる。このようにマイナスの結果をもたらす説得スタイルをなくすだけで、マーケティングの効果が30%から40%も高くなることをエクルズは発見したそうだ。[21]

服の好みと本の好みに深い関係はないのが当たり前で「カテゴリーの壁を乗りこえる」のは難

しいが、「説得プロファイリング」によって反応しがちなパターンを把握すれば、別の領域にも応用が利く。バミューダ諸島への旅行で「いまなら20％オフ」に反応する人は、そうでない人に比べて、新しいノートパソコンでも同じような売りこみ方に反応する可能性が高い。

もしエクルズが正しいなら――そして、研究結果から見るかぎり、彼の仮定は正しいと思われる――「説得プロファイル」は大きな金銭的価値を持つ。どうすれば製品を買ってもらえるのかをひとつの分野について知っているのと、あらゆる分野でヒット率を高められるというのは、話がまるで違う。そして、アマゾンのような会社が時間をかけてさまざまな条件を提示し、どのような条件に反応するのかをチェックしてあなたの説得プロファイルを把握すれば、その情報は他社に売れるだけの価値を十分に持つ（まったく新しい領域なので、説得スタイルが年齢と相関を持つかどうかわからないが、その可能性は十分にある）。

説得プロファイリングにはいろいろといい点があるとエクルズは考えている。彼が例にあげたダイレクトライフ（DirectLife）は身につけるタイプの健康促進器具で、どのような理由付けをすればユーザーが食生活を改善したり定期的に運動したりするのかを判別できる。しかし同時に、使い方に注意が必要だともいう。どのような説得に反応しやすいのかを個別に把握しているというのは、一人ひとりを操る力を持つことに等しいからだ。

最近は「感情分析」という手法が登場し、人の気持ちを推測できるようになった。気分がよいと肯定的な言葉が増えたりするわけで、十分な量のテキストメッセージ、フェイスブックの投稿、電子メールなどを分析すれば、いい気分の日なのか悪い気分の日なのか、しらふで書いた文章なのか酔って書いた文章なのか（誤字だらけだったりするだろう）判別できる。そして、この情報を使えば、気分に適したコンテンツが提供できる。気分最悪で音楽サービスのパンドラ（Pandra）にアクセスすると、『プリティー・ヘイト・マシーン』が用意されていたりするわけだ。逆に、この心理状態を悪用することも可能だ。

買い物中毒でストレスを感じると買い物せずにいられないとか自己嫌悪に陥ると買い物に走る、あるいは、飲むとつい買ってしまうといったことが知られていたらどうなるだろうか。肯定的な声援が好きな人に対し、説得プロファイリングで「やればできる」と声をかける機器が作れるのであれば、有権者一人ひとりのおそれや弱点をついたアピールを政治家がすることも可能なはずだ。

製品やサービスについて詳しい情報を提供するインフォマーシャルが深夜に放送されるのは、広告料金が安いからだけではない。そういう朝のとても早い時間帯というのは人が暗示にかかりやすいからだ。日中、太陽の光を浴びていれば絶対に買わないはずのスライサーにも、この時間だと飛びついたりする。午前3時ごろというのは、1日のうちで一番、差しだされたモノをつい買ってしまう時間帯なのだ。パーソナライズドコンテンツを提供するためのデータは、そのまま、一人ひとりの弱みを突いて消費者を操縦するマーケティングに利用できる。これはもう、仮定とか可能性の話ではない。実際、ＰＫリストマネージメントという会社は、懸賞などの形でお得感をだした売り込みにとても弱い人々をリストにし「タダに弱い客」として販売している（プライバシー関連の研究をしているパム・ディクソンが確認した）。[22]

パーソナライズされた説得が製品の売り込みに効果を持つのであれば、意見やアイデアについてもそうだろう。言われたことをそのまま信じやすい時間や場所、言い方というものはたしかに存在する。サブリミナル広告が違法とされているのは、この方法が基本的にだましだからだ。気づかれないように潜在意識へ言葉をすりこみ、モノを買わせようとするのはまともなやり方とは言えないだろう。いずれにせよ、そういうことが可能なのであれば、同じような方法で政治家が有権者の合理的な判断を回避することも可能だと考えるべきだろう。

本当の動機や望み、どのように考えてなにをするのかという情報には大きな力があると人は本能的に知っている。だから、そのようなことは、普通、日々の暮らしのなかでもっとも信頼する人々にしか教えないのだ。この場合には対称性もあり、友達に教えたレベルまでしか友達も教えてくれない。ところが説得プロファイリングは、このようなデータを集められたと気づかないうちにいつのまにかおこなわれたりする。つまり、非対称なのだ。しかも、ネットフリックスなどのようにあからさまにおこなわれているプロファイリングとは異なり、説得プロファイリングしていることを明かすと効果がなくなる。「君ならできる！　そう言われると君はがんばるから、君にはそう言う！」などと言われたのでは、やる気がでるはずもないだろう。

このように、説得プロファイリングはかならずしも目にはいらない。自分の行動が説得プロファイリングの影響を受けているとはわからない。そして、我々がこのデータを渡している企業がそのデータを社外に出してはならないという法律はない。問題のある人の手にわたれば、説得プロファイリングにより、合理的な意思決定がゆがめられたり、心理状態につけ込まれたり、衝動を引きだされたりすることになる。相手のアイデンティティを把握すれば、その人の行動を誘導しやすくなるのだ。

深くてせまい道

グーグルとしては、なるべく早い時期に例の検索窓を時代遅れにしたいとバイスプレジデントのマリッサ・メイヤーは言う。ＣＥＯのエリック・シュミットも「次の段階として、検索が自動的におこなわれるようにしたい」と２０１０年に語っている。「街を歩いている間、スマートフォンが検索をくり返し、『こんなことがあるよ』『こんなことがあるよ』『こんなことがあるよ』と教えてくれればいいと思うのです」[23]。つまり、人が検索をおこなう前になにを調べたいのか、スマートフォンがわかるようになって欲しいというのだ。

検索しない検索の時代がもうすぐ訪れると思われるが、そのとき、メディアを動かすのはアイデンティティだ。しかし、これと対をなす側面の事実、つまりメディアがアイデンティティを形成するという問題はまだ十分な検討がなされていない。メディアによってアイデンティティが影響を受ける主因のひとつを、政治学者のシャント・アイエンガーはアクセシビリティバイアスと呼び、それがいかにパワフルであるかを、1982年に発表した論文「テレビニュースの『あまり小さくない』影響の実験的検証」で示した。[24] 実験では、6日間にわたり、コネチカット州ニューヘイブンに住む被験者にテレビニュースを見てもらった。ニュースの内容はグループごとに細工がしてある。

最後に、環境汚染、インフレーション、国防などの重要課題について、その優先順位をたずねる。その結果は、実験前の優先順位から劇的に変化した。「国防や環境汚染についてのニュースを継続的に視聴した被験者は、国防や環境汚染が重要だと考えるようになった」。[25] たとえば環境汚染のニュースをよく見たグループでは、実験前、6項目の5位に位置付けられていた環境汚染が実験後は2位へ上昇した。

このように詰め込みが人に強く影響することをプライミング効果というが、これを確認した実験に、政治分野における説得を専門とする神経心理学者、ドリュー・ウェスティンがおこなったものがある。このときは、被験者に「月」や「海」を含んだ単語のリストを覚えてもらった。[26] 数分後に話題を転換し、好みの洗剤をたずねたところ、「潮」を意味するタイドというブランドがいいと考える人が多かった。タイドという単語は、覚えてもらったリストにははいっていなかったのに、である。

メディアが我々のアイデンティティに影響を与える方法はプライミング以外にもある。我々には、過去に見聞きしたものを信じる傾向があるのだ。1977年にハッシャーとゴールドスタインがおこなった実験を紹介しよう。実験では、60種類の文を読み、内容が正しいかまちがっているかを判断してもらう。[27] ありそうな内容ばかりだが、その一部は正しく(「フレンチホルン奏者は軍隊にとどまると現金でボーナスがもらえる」)、一部は正しくない(「離婚は技術的に進んだ社会にしか存在しない」)。2週間後にもう一度同じ形式の実験をするのだが、その際、初回のリストに含まれていた文も一部が提示される。そのまた2週間後、3度目の試験をおこなうと、くり返し提示された文を正しいと思う人が増える。食べ物と同じで情報も、我々は消費するものでできているのだ。

これはいずれも人間心理の基本的なメカニズムだ。しかしこれにパーソナライズドメディアが組み合わさると悩ましい状況が生まれてしまう。自分のアイデンティティが自分を取りまくメディアを形成し、そのメディアから、自分がなにを信じ、なにを重視するのかが決まる。リンクのクリックはそれに興味があると信号を発することに等しく、つまり、その関連の話を見かけることが増え、そういう情報にばかり接するようになる。自分ループにとらわれてしまうのだ。しかもアイデンティティが正確に表現されていないと、ステレオから残響が聞こえるようなおかしなパターンが生まれる。

フェイスブックを使っている人なら、このような問題を体験したことがあるはずだ。大学時代の彼女、サリーのことをふと思いだし、いま、どうしているだろうと検索してみつけたとしよう。あなたがサリーに興味を持っているとフェイスブック側からは見えるので、あなたのニュースフィードにサリーの情報がたくさん登場するようになる。やはりなんとなく気になるので、彼女が投稿した子どもや夫、ペットの写真をクリックして閲覧するだろう。これはフェイスブックの推測を確認することに等しい。フェイスブックから見るかぎり、あなたとサリーにはなんらかの関係があるかのように見える。何年も、連絡さえ取ったことがなくても関係ない。そのあと数カ月は、実際よりもずっと大きくサリーの生活が提示されることになる。このとき、サリーは「極大」になったという。もっと強く興味をひかれている人がほかにいるのに、彼女の投稿ばかりを見るようになるのだ。

フィードバック効果でこのようになる背景には、フェイスブックの元社員でベンチャーキャピタリストのマット・コーラーが極大問題と呼ぶものがある。コーラーはフェイスブックが立ちあげられたころの社員で、ソーシャルウェブについてシリコンバレー一の権威とも言われる切れ者だ。

コーラーによると、なにかを最適化しようとすると極大問題が発生するそうだ。例として、シエラネバダ山中で迷子になった盲目の人に、最高点までゆく簡単な方法を教える場合を考えてみよう。「自分のまわり、ぐるりを探り、全方角が下向きかどうかを確かめます。下向きでない部分があるならそちらに進み、同じ作業をくり返します」となるだろう。[28]

プログラマーは、常に、このような問題に直面している。検索語が「魚」のとき、ベストなリンクはどれか？　どの写真をフェイスブックで見せれば、次々と写真をクリックしてくれる可能性が高いか？　なにをすべきかは、一見するとあきらかに思える。少しずつ最適化すれば、いつか、ベストな場所にたどり着くはずだ、と。しかし、このような山登り型の方法には問題がある。シエラネバダ山脈最高峰、ホイットニー山の山頂までゆける可能性もあるが、ふもとの丘に登っておわる可能性もあるのだ。

これだけなら特に危険なことはないが、フィルターバブルでは、あらゆる人、あらゆる話題について同じ現象が起きる可能性がある。たとえばわたしは、特に重要だと思っていないのにガジェット関連の記事があるとついクリックしてしまう。パーソナライズドフィルターは、少しでも多くクリックさせようと「衝動的メディア」を作ってもっとも強迫的な衝動に働きかける。衝動と一般的な興味を区別するのは技術的に困難であるし、いずれにせよ、広告主に売れるページビューを生みだしてくれるのならこのふたつを区別したいとは思いもしないはずだ。

極大問題はシステムの学習速度が速いほど発生し、アイデンティティの連鎖にとらわれやすい。ガーデニングや無政府状態、オジー・オズボーンなどのリンクをたまたま1回クリックしただけでそういう方面が好きな人だと判断されてしまい、関連の情報が次々と供給されるようになって、プライミング効果でその分野の情報をクリックしがちになる……というわけだ。

クリック2回目以降は脳の働きも絡んでくる。脳は、認知的不協和というものをなんとも非合理的なやり方で解消しようとする。つまり「もし自分がxをするような人間でないのなら、なぜ、xをしたというのだろうか。だから、自分はxをする人間でなければならない」と考えるのだ。このループでは、クリックするごとに自己の正当化がおこなわれる。「ぼくは本当に『クレイジー・トレイン』が好きらしいなぁ」となってしまうのだ。結果が自分にフィードバックされる再帰的な処理をおこなうと「深くてせまい道を進むことになる」とコーラーは言う。旋律そのものが残響に埋もれる結果になるのだ。アイデンティティループに対して偶然性とセレンディピティでバランスを取らなければ、アイデンティティという山のふもとの丘に登り、本当の山頂から遠く離れたところに行きついてしまったりする。

このループが良性ならばまだいいが、かならずしもそうとはかぎらない。

頭が悪いと先生に思われると子どもはどうなるか。頭が悪くなるのだ。これは、倫理委員会が米国の学校に設けられる前におこなわれた実験で確認されている。年度の初めに、子どもたちのＩＱと知力を示す試験の結果を担当する先生にわたす。ただし、その試験結果がランダムに割りあてられたものであることは伏せて、だ。１年後、頭がいいことになっていた子どもたちはＩＱが大幅に伸びたが、平均以下だとされていた子どもたちにそのような伸びは見られなかった。[29]

では、頭が悪いとインターネットに思われたらどうなるのか。ＩＱを推定してパーソナライゼーションをおこなうというのは、そうありえないパターンではない。グーグルドキュメントには、書いた文章が何年生レベルであるのかを自動的にチェックするツールなども用意されている。アクシオムなどのデータベースに教育程度が記録されていなくても、フェイスブックへの投稿や電子メールをいくつか見れば簡単に推測できる。大学レベルの文章を書くユーザーはニューヨーカー誌の記事をたくさん見るのに対して、文章レベルが低い人はニューヨーク・ポストの記事を多く見るといったこともありうるわけだ。

放送の時代には、全員が似たようなレベルの情報を読み、吸収すると考えた。フィルターバブルの時代にはいると、その必要がなくなる。これにはいい面もある。いままで新聞は難しすぎるとあきらめていた人々も書かれたコンテンツを利用できるようになるからだ。しかし、読み書きの力を高めたいと思わされるプレッシャーがなくなり、小学校の3年生レベルにずっととどまることにもなりかねない。

事件や冒険

我々が目にするモノ、手にするチャンスをアルゴリズムで決めた方が公平な結果が得られてよい場合もある。人間と異なり、コンピューターなら、人種や性別を無視するようにもできるからだ。ただし、さまざまな面に配慮して作られたアルゴリズムでなければならない。そうでなければ処理対象とする文化の道徳観を反映するアルゴリズムとなり、現在の社会規範を固定するだけとなる。

個人情報をもとにアルゴリズムで分類すると、人間がやるよりもっと差別的になる場合もある。たくさんの履歴書から必要な人材を選びだすソフトウェアがあり、推薦した人材のうち、実際に誰が採用されたのかを材料に「学習」する機能があったとしよう。たてつづけに白人が9人採用された場合、黒人を採用する気がないと判断されて検索対象から黒人がはずされることもありうるだろう。ニューヨーク大学の社会学者、ダルトン・コンレイはこう書いている。「そのようなネットワーク型の分類は一見無害であるが、実は、さまざまな面において昔からおこなわれてきた人種、社会階層、性別、宗教などの特質によるグループ分けよりはるかに有害である」[30]。この問題をプログラマーは過剰適合と呼ぶ。

ネットフリックスはシネマッチ（CineMatch）というアルゴリズムで動いている。考え方はシンプルだ。最初に借りた映画が『ロード・オブ・ザ・リング』3部作だったら、その映画を過去に借りた人たちがほかにどのような映画を借りたのかをチェックする。多くの人が『スター・ウォーズ』を借りているなら、その人も『スター・ウォーズ』を借りる可能性が高いと考えるわけだ。

これは、kNNまたはk近傍法と呼ばれる手法で、これを使ったシネマッチは、レンタル履歴と借りた映画への評価（5段階）から、その人はどの映画を見たいと思うのかをかなり高い精度で予測できるようになった。2006年時点で、何十万本もある映画に対し、あるユーザーがどう評価するのか、星ひとつ以内の誤差で予測できるレベルとなっていた。シネマッチのほうが、基本的に人間より上手にお勧め映画を選んでくれるのだ。『オズの魔法使』が好きな人に店員が『羊たちの沈黙』を勧めるというのはちょっと考えられないが、シネマッチなら、この片方が好きな人はもう片方も好きなことが多いと判断できるのだ。

しかし、「いまはまだ、よちよち歩きというところだ」[31]と、ネットフリックスCEOのリード・ハスティングスは満足しなかった。そして2006年10月2日、驚きの発表をおこなう――「成功報酬100万ドル」。レビューからレンタル履歴など、ユーザーを特定できるもの以外のデータすべてがウェブに公開された。膨大な量のデータだ。シネマッチより10％以上優れた予測を実現した人物あるいはチームに100万ドルを支払うというのだ。船上で経度が測定できる手法の開発を推進した経度法と同じように、このネットフリックスチャレンジも、誰でも参加することができた。「必要なのはPCとすごい洞察力だけだ」とハスティングスはニューヨークタイムズに語った。[32]

その9カ月後には、機械学習、ニューラルネットワーク、コラボレーティブフィルタリング、データマイニングなど、さまざまなアイデアを活用し、世界150カ国、1万8000チームほどがしのぎを削っていた。普通、このように大金のかかったコンテストは秘密裏に進められるが、ネットフリックスは競合するグループ同士の連携を推奨し、共通する障害を協力して乗りこえられるように掲示板を設置した。この掲示板を読むと、3年のあいだ、優れたアルゴリズムを開発しようという努力にくり返し立ちはだかったのはどのような問題なのかがよくわかる。過剰適合の問題も、何度も何度も登場した。

パターンをみつけるアルゴリズムの構築で大きな問題となるのは2点。ひとつは、大量のノイズに埋もれているパターンをみつけだすこと。もうひとつはその逆で、本当は存在しないパターンを発見しないこと。たとえば「1、2、3」という数字の並びを表現するパターンは、「前の数字に1を加える」かもしれないし「素数を小さい方から並べる」かもしれない。どちらであるかはデータを増やさないかぎり判断できない。結論を急ぐと過剰適合をおこしてしまう。

対象が映画なら、過剰適合をおこしても大きな問題にはならない。アナログな映画ファンは、『ゴッドファーザー』と『ゴッドファーザー ＰＡＲＴⅡ』が気にいれば『ゴッドファーザー ＰＡＲＴⅢ』も気にいるはずだと思う人が多い。しかしフィルターバブルにおいては中心的な問題のひとつとなる。過剰適合はステレオタイプな見方と同義になるからだ。

「ステレオタイプ」という言葉は、「こういう肌の色をしている人は頭が悪い」など、本当は違うのにそうだと思いこんで嫌うパターンをさすことが多い。ステレオタイプはそれが仮にかなり正しい見方だった場合でも、その結果として不公平な扱いをうける人が出てしまう。

可能な予測と公平な予測のあいだにはグレーゾーンがあるが、そこはすでにマーケティングに活用されている。行動ターゲティング業界草分けのひとり、チャーリー・ストライカーは、米陸軍がソーシャルグラフデータを使って入隊促進に大きな成果をあげているとソーシャルグラフシンポジウムで報告した。[33] フェイスブックの友達に入隊者が6人もいる人なら、同じように入隊を考えている可能性が高いだろう。このように、同じような人やリンクされている人の行動から推測する方法は有効だ。その利用は陸軍以外にも広がっている。たとえば銀行も、ローン審査にソーシャルデータを使いはじめている。「友達の信用状態から信用を供与すべきかどうかを判断するのです」とストライカーが言うように、支払いが遅れがちな友達が何人もいる人は、やはり、支払いが滞りがちだと考えるわけだ。「この技術はとてもパワフルな使い方が考えられます。想像もつかないくらい先までゆけると思いますよ」とウォールストリートジャーナルに語ったソーシャルターゲティングのアントレプレナーもいる。[34]

ここで心配なのは、なにをどう考えて決定をくだしたのか、会社側に説明する義務がない点だ。そのため、知らないうちに判断をくだされ、抗議もできないケースが考えられる。例として求職のソーシャルサイト、リンクトイン（LinkedIn）について考えてみよう。ここではキャリアの予測診断が受けられる。同じ分野の先輩と履歴書を比較し、5年後の自分を予想してもらえるサービスだ。「あなたと同じように中位のIT専門家の場合、ウォートンビジネススクールを卒業した人はそうでない人より年間2万5000ドル多くを稼いでいます」など、よい未来につながるキャリアチョイスを示せるようにしたいとリンクトインでは考えている。実に優れた顧客サービスだと言えるだろう。では、このデータをリンクトインが企業顧客に提供し、負け組と予想された人をはじけるようにしたらどうなるだろう。データが提供されたことさえわからなければ、予想どおりにはならないと反論さえもできない。疑わしきは罰せずの原理を適用してもらうこともできない。

高校の同級生が支払いにルーズだからという理由で銀行から低く評価されたり、あるいは、ローンを返済しない人たちが好きなものを自分もたまたま好きだったせいで銀行から低く評価されるのは不公平だと思うかもしれない。そのとおりだ。そしてこれこそ、アルゴリズムでデータから推論する論理的手法、つまり帰納法がもつ根本的な問題である。

コンピューターが登場するはるか以前からこの問題に取り組んできたのが哲学者だ。数学的証明なら根本原理から論理を積みあげてその正しさを証明できるが、現実問題は話が違うと哲学者、デイヴィッド・ヒュームが１７７２年に指摘している。[35] 投資の格言にあるように、過去の実績から将来の結果は予測できないのだ。

これは科学に大きな疑問を投げかける問題である。科学とは、データを使って未来を予測する手法とも言えるからだ。この帰納法の問題を一生の仕事としたのが、科学に関する思索で有名な哲学者、カール・ポパーである。１８００年代末には、科学の歴史に真実への旅を見る楽観的な思索家が多かったが、ポパーは、その道の横に残されたがらくたに注目した。科学的手法としては完璧だったにもかかわらず大まちがいであった理論や考え方だ。地球が世界の中心であり、そのまわりを太陽や惑星がまわっているという天動説を支持した数学的検討や科学的観察も山のようにあったのだ。

ポパーは、少し違うとらえ方を試みた。いままで見た白鳥がすべて白かったからといって、白鳥がすべて白いとはかぎらない。このとき探すべきなのは、白鳥はかならず白いという理論がまちがっていると証明できる反証、つまり、黒い白鳥なのだ。真実を求める際に鍵となるのは反証可能性だとポパーは考えた。そして科学とは、黒い白鳥すなわち反証がみつけられない主張を進めてゆくものだとした。[36] この背景には、帰納法によって科学的に推論された知見に対する謙虚な姿勢がある。そのような知見は正しいこともあればまちがっていることもあり、しかも、いま現在の知見が正しいのかまちがっているのかもわからないことが多いというわけだ。

このように謙虚な姿勢は推測のアルゴリズムに組みこまれていないのが普通だ。型にはまらない人や行動がときどきあるのは確かだが、そのような逸脱があったからといってアルゴリズム自体が役に立たないわけではない。実際、このようなシステムにお金を払う広告主としては、モデルが完璧である必要などない。ターゲットとするグループに命中すればいいわけで、人間という複雑なものをどうこうしようというのではないのだから。

天候のモデルを作成し、雨の確率が70％だと予測しても、雨雲はなんの影響もうけない。雨を降らせるか降らせないか、いずれにしてもなるようにしかならない。しかし、信用のない人を友達に持っているからローンの返済が滞る確率が70％だと予想するのは、まったく違う話になる。予測がまちがうと差別になってしまうのだ。

過剰適合を避けるためには、ポパーが述べているように、モデルがまちがいだと証明する努力をするとともに、疑わしきは罰せずの原理をアルゴリズムに組みこむのが一番いいだろう。ネットフリックスで言えば、ロマンチック・コメディを提示してそれをわたしが気にいれば、別のロマンチック・コメディを提示するとともに、わたしはロマンチック・コメディが好きなのだろうと判断するはずだ。しかし、わたしという人間を正しく理解したいと考えるなら、その判断がまちがっていると証明できる『ブレードランナー』もときどき提示すべきなのだ。そうしなければ、わたしは、ヒュー・グラントとジュリア・ロバーツばかりの極大にとらわれてしまうだろう。

フィルターバブルを支える統計的モデルは、普通と大きく異なるいわゆる異常値を無視する。しかし物事をおもしろくしてくれるのは常人と大きく異なる異常値のような人たちだし、インスピレーションを与えてくれるのもそういう人たちだ。変化のきざしとなるのも、そういう人たちだ。

アルゴリズムによる予測に対する批判としても優れた文学作品がある。19世紀後半に活躍したロシアの小説家、フョードル・ドストエフスキーによる『地下室の手記』で、当時、理想的だと考えられていた科学的合理主義を指弾した作品だ。科学は組織化された秩序ある暮らしをもたらすとされていたが、それはつまらない未来だとドストエフスキーは切りすて、名もない語り部にこう語らせる。「もちろんそのとき、人間の行動は、すべて、そのような法則に従って数学的に並べられることになる。10万8000項目もの対数表のように。そして索引がつけられる……すべては疑いの余地もなく計算・説明され、事件も冒険もない世界となってしまう[37]」

世界は予測可能なルールに従い、予測可能なパターンで動くことが多い。潮は満ちて引き、日食や月食は予測されたとおりにおきて終わる。天候さえ、予測できるようになりつつある。しかしこの考え方を人間の言動に当てはめるのは危険だ。その理由としては、最高の瞬間は多くが予測できない瞬間であることを指摘すれば十分だろう。すべてが予測された人生など生きるに値しない。しかしアルゴリズムによる帰納法は情報決定論につながる。過去のクリック履歴が未来を完全に規定してしまう世界だ。ウェブ履歴を消去しなければ、我々はその履歴をくり返し生きる運命にある——そう表現してもいいだろう。

第五章
大衆は関連性がない

自分と同じものを見て同じものを聞く他者がいるからこそ、我々はこの世界と自らを正しく感じることができる。[1]

——ハンナ・アーレント

新聞の影響をなくすにはその数を増やすしか方法はない、という格言が米国の政治学にはある。[2]

——アレクシス・ド・トクヴィル

1999年5月7日の夜、米国ミズーリ州のホイットマン空軍基地を離陸した1機のB2ステルス爆撃機は東にコースをとり、現地時間で深夜、内戦で混乱するセルビアのベオグラードに到着、4個のGPS誘導爆弾を投下した。ターゲットは、武器庫の可能性が高いとCIA文書に記載されていた住所である。しかし、そこにあったのは在ユーゴスラビア中国大使館だった。建物は破壊され、3人の大使館員が死亡した。

米国は事故だったとただちに謝罪した。しかし中国国営テレビは「野蛮な攻撃であり、中国の主権に対する重大な侵害」だと抗議する。[3] 江沢民中国国家主席はビル・クリントン大統領からの電話をくり返し拒否。クリントン大統領は中国国民に対する謝罪を世界に向けて流したが、中国国内メディアでは4日間、放映を禁止された。

反米の抗議運動が始まるころ、中国最大の新聞、人民日報が爆撃反対フォーラムというオンラインのチャットフォーラムを開設する。1999年当時、中国ではチャットフォーラムが人気だった（米国とは比べものにならないほど大人気だった）。「中国では、ニュースサイトやブログの影響力はそれほどでもなく、ソーシャルネットワーキングサービスはまだ普及していない。活発なのは基本的に匿名のオンラインフォーラムである……中国のオンラインフォーラムは、英語圏のインターネットにはないほど多くの一般人が積極的に参加するダイナミックな場であり、おそらく、これほど民主的な場はそうそうないと思われる」[4]と数年後にニューヨークタイムズの記者、トム・ドウニーが語ったように。技術系ライター、クライブ・トンプソンはカーネギー国際平和財団の研究者、シャンティ・カラティルの言葉を引用し、爆撃は「中枢のエリートたち」による計画的なものであるという中国政府の立場を正当化する役割を爆撃反対フォーラムが担ったと報じた。[5]クラウドソーシング形式のプロパガンダだと表現してもいいだろう。こう考えろと中国国民に伝えるのではなく、数千人もの愛国者に声をあげさせたわけだ。

中国における情報管理について、西側の報道は検閲に集中している。一時的ながらグーグルが「天安門広場」の検索結果が表示されないようにした件や、中国のブログで「民主主義」という単語をマイクロソフトが使えなくした件、中国と外界のあいだに置かれ、国を出入りする情報のパケットすべてをふるい分けている万里のファイアウォールの件などだ。中国ではたしかに検閲がおこなわれており、日常生活での使用を多少なりとも制限されている言葉がたくさんある。人気のアリババエンジンでは反体制派の活動についても検索結果を返すのかとトンプソンにたずねられたCEOのジャック・マーは、頭を横に振った。「それはありえません。我々は事業をしているのです。株主はお金を儲けることを望んでいます。顧客を幸せにすることを我々に望んでいるのです。だいたい、政治的なことについて、あれをすべきだこれをすべきだと言うような立場に我々はありません」[6]

実はこのファイアウォールは、比較的簡単に迂回できる。企業なら盗み見されないように暗号化されたＶＰＮ（バーチャルプライベートネットワーク）が使えるし、プロキシやトール（Tor）など、ファイアウォールを回避する方法もあり、中国国内の反体制派ががちがちの反政府系ウェブサイトにアクセスすることさえできる。しかし、ファイアウォールでは情報を完全に遮断できない点に目を奪われると大事なポイントを見落とす。中国が目的としているのは都合の悪い情報を隠すことより、そのような情報を中心とした力関係を変えること、問題をはらむ情報の流れに対する摩擦を生みだし、大衆の注意を体制側フォーラムに引きつけることなのだ。たしかに、あらゆるニュースが誰にも絶対に届かないようにはできないが、もともとその必要もないのだ。

アトランティック誌の記者、ジェームズ・ファローズはこう書いている。「政府が気にしているのは、普通の人がめんどうだとやらなくなるくらい手間をかけないと情報が手にはいらないようにすることだ」[7]。カリフォルニア大学バークレー校のシャオ・チャンも、政府の戦略は「社会統制、人的監視、仲間からの圧力、自己検閲」だと言う[8]。ブロックするキーワードや禁止する話題が政府から公式に発表されていないだけに、警察を招かないよう、皆、自己検閲をおこなうというわけだ。閲覧できるサイトは毎日変わる。これは技術が未熟でシステムに信頼性がないからだとするブロガーもいるが（「当局が管理しようとしても、勝つのはインターネットのほうだ！」）、政府にとってこれはバグではなく、機能なのだ。情報研究分析センターのジェームズ・マルヴェノン所長はこう表現する。「執行に無作為なところがあるが、だからこそ、すべてが見られているという感覚が生まれる」[9]

この感覚が弱すぎると問題だとして、中国深圳《シェンチェン》公安局では、もっと直接的なアプローチを開発した。インターネット警察のキャラクター、警警《ジンジン》と察察《チャチャ》だ。チャイナ・デジタル・タイムズの取材に対し、この構想の責任者は「インターネットは法律を超越した場所ではなく、オンラインにおける言動の秩序を守る警察があるのだとインターネットのユーザーに知らせたい」と、その意図を語っている。[10]こうして、ぴかぴかの黒い靴をはき、いきな肩章をひるがえした男性警察官と女性警察官の画像が深圳の主なウェブサイトに配備された。インスタントメッセージのアドレスもあり、6人の警察官がオンラインで寄せられる質問に対応している。

「実は、それ（民主主義）については自由に語ることができます」と、グーグルで中国との交渉を担当するカイ＝フー・リーは2006年に語っている。「そこまで神経質ではないと思いますよ。米国民主主義というのもなかなかにいい政治形態だが、中国政府も安定しているし成果も挙げており、なかなかにいい政治形態だ——そんな感じでしょうか。いずれにせよ、お気に入りのウェブサイトにアクセスできて友達に会えさえすれば、わたしは幸せです」[11]。最近、万里のファイアウォールでポルノが解禁になったが、これも偶然ではないのかもしれない。「ポルノが見られれば政治はどうでもいいと思うインターネットユーザーもいると考えているのではないでしょうか」と、北京在住のアナリスト、マイケル・アンティもAP通信に語っている。[12]

検閲というと、普通、事実やコンテンツの政府による改変をイメージする。だからインターネットが登場したとき、これで検閲がなくなると考えた人が多かった。情報の流れがあまりに速く、強いため、政府がコントロールするのは無理だと思ったのだ。「中国がインターネットを押さえこもうと努力しているのはあきらかだ。やれるものならやればいい。フルーツゼリーを釘で壁に留めようとするようなものだろう」——2000年3月、ビル・クリントンがジョンズ・ホプキンス大学でおこなった演説の一節である。[13]

しかし、インターネットの時代になっても事実をゆがめる力を政府が失うことはなかった。ただしやり方は変わった。ある種の言葉や意見を禁止するのではなく、キュレーションや文脈、情報の流れ、注意力の方向性などを操作する2次的な検閲が増えている。そして基本的にごく少数の企業がフィルターバブルをコントロールしている現状から考えると、このような流れを一人ひとりについて調整することもそれほど難しくないはずだ。インターネットは中央集権を破壊するものと草創期に期待されたが、ある意味、中央集権を助ける働きも持つようになってしまったと言える。

クラウドの領主たち

パーソナライゼーションが政治の世界でどう使われる可能性があるのか、ジョン・レンドンという人物に話を聞いた。
レンドンは気さくな雰囲気の男で、「情報戦士であり、認知操作者」だと自己紹介した。彼のレンドン・グループはワシントンDCのデュポンサークルに本拠を置き、米国政府機関や各国政府にさまざまなサービスを提供している。第1次イラク戦争でクウェート市に米軍が侵攻した際、何百人ものクウェート人が米国の国旗をうれしそうに振っている光景がテレビに流れた。「7カ月ものあいだ占領下にあったクウェート市の人々があの小旗をどこから手に入れたのか、不思議に思ったことはありませんか？　多国籍軍に参加したほかの国の旗もそうです。こう言われればおわかりですよね？　あれは我々が手配したのです[14]」
レンドンは仕事の多くが機密にかかわるもので、高位の情報分析官にも与えられないことがあるトップシークレットの取り扱い許可を所持している。ジョージ・W・ブッシュ大統領の時代、イラクにおける親米プロパガンダに関与したか否かは不明だ。中心的な役割を果たしたとする人もいるが、本人は関与を否定している。いずれにせよ、彼の夢は明確である。テレビが「政策の決定を推進する」世界とし、「国境警備隊を廃止して放送警備隊を配備」して、「戦わずに勝てる」ようにしたいのだ。[15]
このような人物が一番の武器だと見せてくれたのがごくありふれたもの——類語辞典——だったので、わたしはとても驚いた。[16]世論を変えるためには同じことをさまざまな形で表現できなければならないからだそうだ。同じことでも激しい表現からごく控えめな言い方まで、幅広い表現方法がある。たとえば、米国と新たに武器取引をおこなうことについてその国の人々がどう感じているのかを感情分析で把握し、状況に適した表現で承認に向けた流れを作れば「少しずつ国民的議論を動かせる」。現実に寄りそい、それを適切な方向へ押してやるほうが、無から現実を作りだすよりずっと簡単というわけだ。

レンドンはとある講演会でわたしの話を聞き、フィルターバブルは認知を操作する新しい方法になりうると思ったそうだ。「まず、アルゴリズムのなかにはいりこむ必要があります。陰でひそかに仕事をしているアルゴリズムが自分のコンテンツだけを取りあげるような形でコンテンツを提供できれば、人々が信じるものを変えられる可能性が高くなります」。実は、そのようなこと——アルゴリズムによって国民感情が徐々に変化する——がすでに起きており、よく見ればその証拠があちこちにみつかるはずだとレンドンは言う。

フィルターバブルがあれば将来的にイラクやパナマの国民感情を動かしやすくなって便利かもしれないが、同時に、自己分類型のパーソナライズドフィルタリングが米国の民主主義にどのような影響を与えるのか心配でもあるという。「木の写真を撮りたいと思えば、どういう季節なのかを知る必要があります。季節によって表情がまったく異なりますからね。葉が落ちつつあるとしても、木が死にかけているのかもしれないし、ちょうど秋で落葉の季節なのかもしれません」。適切に判断するためには文脈が必要であり、だから軍隊は「全方位状況認識」をとても重視する。これに対してフィルターバブルでは360度どころか、下手をすると1度しか認識できない可能性がある。

アルゴリズムを使って国民感情を動かすという件について、改めてたずねてみた。

「情報の流れを自己生成型、自己強化型とするシステムをどうすればだませるか、ですか？　その点についてはもっとよく考える必要があると思います。でも、こうすればいいのではないかというアイデアはありますよ」

「たとえば？」

「……なかなかやりますね」

しゃべりすぎたということだろう。
第1次世界大戦中にウォルター・リップマンが反対したプロパガンダは大規模だった。「真実にたいして行軍教練を施す」ためには、全米の新聞数百社を動員する必要があったからだ。いまは個人がブロガーとして情報発信できる時代であり、このようなことはほぼ不可能となったように見える。グーグルＣＥＯのエリック・シュミットも、２０１０年、フォーリン・アフェアーズ誌の対談において、インターネットの登場で仲介者や政府の影が薄くなり、個人が「政府から規制されることなく自分のコンテンツを消費し、配信し、生成できる」時代になったと語っている。[17]
実はこれはグーグルにとって都合のよい見方である。仲介者が力を失いつつあるのであれば、グーグルはその他大勢のひとりとなるからだ。しかし現実には、オンラインコンテンツの大半はごく少数のウェブサイトを経由して人々に届けられるし、グーグルはそのようなウェブサイトのトップクラスに位置する。これらの大企業は、新たな力の中枢なのだ。多国籍企業であるため規制に対してある程度の抵抗力はあるが、ここさえ押さえれば情報の流れを国家がコントロールできるという側面があることも否定できない。

データベースというのは、存在するかぎり、国が利用する可能性がある。だから、銃を持つ権利を擁護する人々はアルフレート・フラトーをよく引き合いにだす。フラトーは体操選手としてオリンピック代表になったこともあるユダヤ系ドイツ人で、弱体化しつつあったワイマール共和国の法律に従い、1932年、所持する銃の登録をおこなった。[18] そして1938年、ドイツ警察の訪問をうける。警察は記録をチェックし、ホロコーストの準備として拳銃を持つユダヤ人を逮捕していたのだ。こうしてフラトーは、1942年、強制収容所で殺された。

全米ライフル協会のメンバーにとって、この話は、国への登録を義務づける銃規制に反対すべき大きな理由となる。数千もあるこのような逸話をもとに、全米ライフル協会は、ここ何十年にもわたって銃器登録制度の阻止に成功してきた。ファシズム・反ユダヤの政権が米国に成立した場合でも、政府所有のデータベースから銃を持つユダヤ人が特定できないようにというわけだ。

しかし、全米ライフル協会のこの考え方は視野がせますぎるかもしれない。政府所有以外のデータベースについてファシストが法律を厳密に守るとはかぎらないだろう。クレジットカード会社が使うデータを利用する、あるいは、アクシオムが追跡している数千種類ものデータからモデルを構築するなどすれば、銃を誰が持っていて誰が持っていないのか、高い精度で簡単に予測できてしまう。

銃の所有に賛成でない人にとってもこれは気にかけるべき話だ。パーソナライゼーションが進むと少数の巨大企業が大きな力を持つようになる。また、膨大な量のデータが集積されるため、政府（民主的であっても）がかつてないほどの力を潜在的に持つようになる。

最近は、ウェブサイトやデータベースを社内で運営・管理するのではなく、他社が管理する巨大なサーバーファームの仮想コンピューター上に置くケースが増えている。数多くのマシンがネットワーク化されたこのシステムは膨大な処理能力と記憶容量を備え、柔軟性が高いというメリットがある。これが「クラウド」だ。クラウドを使っていれば、事業が拡大して必要な処理能力が増えてもハードウェアを買い増さなくてすむ。クラウドから借りる量を増やせばいいからだ。クラウド大手のアマゾンウェブサービスは数十万ものウェブサイトとウェブサーバーをホスティングしており、そこに記録されている個人情報は、おそらくは億に達する。クラウドがあれば、誰でも無尽蔵なコンピューター処理能力を手に入れ、オンラインサービスを急激に拡大できる。

一方、クラウドには、クライブ・トンプソンがわたしに指摘したように「実は民間企業にすぎない」という面もある。[19] 2010年、政治的圧力からアマゾンがウィキリークスのホスティングを停止したが、その直後、ウィキリークスのサイトは運用不能となった。すぐに引っ越せる先がなかったからだ。[20]

政府は、クラウドからなら、自宅のコンピューターに比べてずっと簡単に個人情報を手に入れられる。個人のノートパソコンを調べるには裁判所から令状を取る必要がある。しかし、ヤフーメール、Ｇｍａｉｌ、ホットメールなどを使うと、エレクトリック・フリーダム・ファウンデーションの弁護士が指摘するように「憲法で保障された保護を失う」のだ。[21] のちに「緊急措置」だったと言える状況さえあれば、情報提供を求めるだけでいい。司法的な手続きなし、許可も不要。プライバシー問題に詳しいロバート・ゲルマンはこう言う。「警察にとってこれほど好都合なことはありません。1カ所から、多くの人の文書を一度に入手できるのですから[22]」

データにも規模の経済が働くため、クラウドの巨人はますますパワフルになる。これらの巨人はまた、規制の影響を強く受けるため、政府関係機関に目を付けられたくないと考える。２００6年に数十億件にのぼる検索記録の提出を司法省が求めた際、ＡＯＬもヤフーもＭＳＮもすぐに応じている[23]（グーグルは例外で対抗を選んだ）。コンサルティング企業、ブーズ・アレン・ハミルトンでＩＴの専門家として働くステファン・アーノルドによると、マウンテンビューにあるグーグル本社に「某情報機関」のエージェント3人が詰めていたこともあるという。グーグルとＣＩＡは、データのつながりから現実世界で起きる事件を予測するレコーディドフューチャー（Recorded Future）という企業に共同出資していたりもする。[24]

データ力の集中が政府による管理の強化につながらないとしても、この集中自体に懸念すべき点がある。

個人の新しい情報環境の特徴として非対称性が挙げられる。ジョナサン・ジットレインが『インターネットが死ぬ日』に書いているように「それが今は、巨大で人の顔が見えにくい組織に自分の情報を渡し、見知らぬ人――個人的に知らず、会ったこともなく、しかも多くの場合、こちらに反応を返さない人――が情報を処理あるいは使用することが多い[25]」のだ。

小さな街や壁の薄いアパートなどでは、お互いに同じくらいのことがわかる。それが社会契約の基礎となり、我々は、知っていることも知らない振りをしたりしながらつきあう。ところがプライバシーのない新しい世界では、この契約が無効になる。知っていることさえ知られずに、片方が相手について詳しく知ることができるからだ。検索の専門家、ジョン・バッテルはこう表現する。「我々の言動には、計算していない取引が暗黙のうちに含まれている[26]」

「知は力なり」というフランシス・ベーコンの言葉が正しいとすれば、いま我々の周囲で起きていることは「無力者から有力者への情報力の再配分」にあたると、プライバシー保護を推進するビクター・メイヤー＝ションバーガーは断言する。[27]隅から隅までお互いに知っているならそれはそれだ。しかし、我々が互いに知っているよりはるかに多くをどこかの組織が知っている、それこそ自分について知っている以上にどこかの組織が知っているとなると、話はまったく違う。知が力なのであれば、知が非対称なら力も非対称となるからだ。

グーグルには「邪悪になるな」という有名なモットーがあるが、このモットーはこのような懸念を和らげようとするものだと考えられる。グーグルが邪悪だとは思わないが、なろうと思えばなれるだけのものを持っているように見えると、グーグルの検索エンジニアにぶつけてみたことがある。にやりと笑いが返ってきた。「そのとおり。我々は邪悪じゃありません。邪悪にならないようにできるかぎりの努力をしています。でもそうなりたいと思えば……いつでもなれますよ」

友好的世界症候群

いまのところ、政府も企業も、個人情報やパーソナライゼーションがもたらす力の利用には比較的慎重である（中国、イランなど圧政的な国は例外）。しかし、意図的な操作に利用しなくとも、フィルタリングが普及すると民主主義にさまざまな形で深刻な影響が現れてしまう。フィルターバブルのなかでは、共通の問題を特定し、それに対処する領域となる公の関連性が低くなってしまうのだ。

まず、友好的世界の問題が挙げられる。

コミュニケーションの研究で有名なジョージ・ガーブナーは、国民の政治に対する姿勢にメディアが与える影響を研究した草分けのひとりで、１９７０年代半ばごろ、『刑事スタスキー＆ハッチ』のような番組についての考察をおこなった。『刑事スタスキー＆ハッチ』は70年代によくあった刑事物のテレビドラマで、口ひげや弦楽器中心のサウンド、お定まりの勧善懲悪など、ある意味くだらない番組だった。このころは、こういう番組がよくあった。『地上最強の美女たち！　チャーリーズ・エンジェル』や『ハワイ5‐0』のように文化史でも取りあげられる番組がひとつ登場するあいだに、『ロックフォードの事件メモ』『女刑事クリスティー』『特捜隊アダム12』など、冗談でも21世紀にリメークされるとは思えない番組が2桁はあったのだ。

第2次世界大戦で活躍したあとコミュニケーション理論の研究に転じ、アネンバーグ・コミュニケーション大学院の学長にまでなったガーブナーは、このような番組に注目した。そして1969年、現実世界の認識に対するテレビ番組の影響を体系的に検討する研究を始める。その結果、『刑事スタスキー＆ハッチ』効果はかなり大きいことが判明した。就業者に占める警官の割合をたずねたところ、テレビをよく見る人はあまり見ない人（教育程度や人種・性別などの特徴は同じ）よりはるかに大きな数字を回答したのだ。テレビで暴力シーンをよく見る子どものほうが現実世界における暴力を心配しがちだという気になる結果もあった。[28]

ガーブナーはこれを下劣世界症候群と名付けた。たとえば3時間以上テレビを見る家庭で育つと、それほどテレビを見ない隣家よりも、実際的な意味において下劣な世界に生きることとなり、それに応じた言動をとるようになるのだ。「人の言動を決定するのは、文化を形づくるストーリーを語る者なのだ」とガーブナーはのちに語っている。[29]

ガーブナーは2005年に亡くなったが、そのころにはインターネットが登場し、このような障害がなくなりつつあった。きっと安心したことだろう。文化を語るオンラインの語り部もそれほど多くはないが、それでも、インターネットで選択肢が広がったことは確かである。視聴率を稼ぐために犯罪率を大きく取りあげる地方テレビではなく、ブロガーから地方ニュースを得ようと思えばできる世界となったのだから。

この結果、下劣世界症候群のリスクは下がったかもしれないが、別の問題が生まれつつある。説得プロファイリング理論の専門家、ディーン・エクルズが友好的世界症候群と呼ぶもの、つまり大きく重要な問題が視界にはいってこない場合があるという問題だ。[30]

テレビは「流血ならトップニュース」というシニカルな方針で番組が構成されるがゆえに下劣な世界となった。これに対してアルゴリズムによるフィルタリングが生みだす友好的世界はもともと意図されたものではない。フェイスブックのエンジニア、アンドリュー・ボスワースによると、「いいね!」ボタンの開発では、星から立てた親指まで、さまざまなデザインが検討されたそうだ（立てた親指は、イランやタイでみだらな意味をもつ）。2007年夏には「すごい!」ボタンだったらしい。しかし、最終的にはもっとも一般的な「いいね!」に落ちついた。[31]「重要」ではなく「いいね!」を選んだのは設計上の小さな決定だと言えるが、この影響は広範囲におよぶ。フェイスブックで注目される話題とは「いいね!」がもっとも多く集まった話題であり、「いいね!」がもっとも多く集まる話題とは、つまり、皆がいいと思う話題である。

無菌状態の友好的世界になりがちなフィルタリングサービスは、フェイスブック以外にもたくさんある。たとえばツイッターのように、フィルタリングをユーザーがおこなう口コミを中心としたサービスでさえ、無菌状態に陥りがちだとエクルズは指摘する。ツイッターの場合、自分がフォローしている人のつぶやきが流れるわけだが、その友達と、自分がフォローしていない人とのやりとりは提示されない。興味のない会話があふれないようにということで、意図は悪くない。しかしその結果、友達間の会話が強調され（「類は友を呼ぶ」で自分と似ていることが多い）、新しい考え方を自分に提示してくれるかもしれない会話は見えにくくなってしまう。

　もちろん、フィルターバブルを通して届き、我々の世界観を形成する話題のすべてが「友好的」の一言で表現できるわけではない。わたしは革新系の人間で政治ニュースが大好きなため、わたしのところには保守派のサラ・ペイリンやグレン・ベックのニュースも大量に届く。しかし、どういうニュースが届くのかは考えるまでもなくわかるだろう。そう、ベックやペイリンの主張に不平を鳴らし、同じように感じているはずの友達と連帯感をもとうという記事ばかりなのだ。わたしの世界観を揺るがしてくれるような話がニュースフィードに登場することはほとんどない。

　フィルターバブル内では感情的な話が勢いを持ちがちである。ニューヨークタイムズの人気記事ランキングについてウォートンスクールがおこなった研究を第二章で紹介したが、そこでも触れたように、恐れ、不安、怒り、幸福感などの感情を強く喚起する記事ほど他人と共有《シェア》されることが多い。テレビがもたらすのが「下劣な世界」なら、フィルターバブルがもたらすのは「感情

Twitterがそういうサービスなのかどうか～
機械的な自動選択がなければ
問題ないようにも思える

世界」なのだ。

友好的世界症候群で問題になる副作用として、重要な社会的問題が消えることが挙げられる。ホームレスに関する情報をわざわざ探す人も少なければ、わざわざ投稿する人も少ないはずだ。一般に、おもしろくもなく、複雑でゆっくりとしか変化しない問題は——つまり本当に重要な問題の多くは——取りあげられにくい。かつてはそういう話題にも人間の編集者がスポットライトを当ててくれたが、その力はどんどん弱体化している。

広告でさえ、社会的問題についてかならず警鐘を鳴らせるとはかぎらない。環境団体のオセアナは、2004年、下水を未処理で海に捨てるのをやめるようにロイヤル・カリビアンに働きかけており、その一環として「世界の海を守るため、私たちに支援を！ 一緒に戦いましょう」という検索連動広告をグーグルに出した。しかし2日後、「クルーズ業界を批判する文言」が広告の品位について定めたガイドラインに違反しているとして広告を取り下げられてしまう。[32] 社会的問題に企業を巻きこむ広告は歓迎されないということだ。

フィルターバブルは、重要だが複雑あるいは不愉快なものを遮断することが多い。見えなくしてしまうのだ。この結果消えてゆくのは課題だけではない。次第に、政治的なプロセス全体が消えてゆく。

目に見えない選挙活動

2000年の大統領選挙でジョージ・W・ブッシュの得票数が予測を下回ったことをうけ、カール・ローブは、ジョージア州でマイクロターゲティングの実験に乗りだした。さまざまな消費者データ（「ビールとワインはどちらが好きですか？」など）をチェックし、投票行動を予測するとともに、説き伏せやすい人、投票に行ってくれそうな人を見分ける手法を探したのだ。[33] 検討結果は非公開だが、このときの成果をもとに、共和党は2002年と2004年、「選挙に行こう」戦略で有権者の大量動員に成功したと言われている。

左派も負けてはいない。有権者の大半をカバーするプロフィールデータベースを、アマゾンでエンジニアをしていた人々が働くカタリスト社が作った。このデータベースは、料金さえ払えば、各候補の選挙事務所や各種のグループ（我々のムーブオンなど）が検索し、誰の家を訪問すべきなのか、誰に対して広告を打つべきなのかを検討する情報を得ることができる。このくらいは手始めにすぎない。データについて民主党トップクラスの専門家と言われるマーク・スタイツが革新系の仲間に配布したメモにはこう書かれていた——「ターゲティングというと爆撃のイメージが強く、飛行機からメッセージをばらまくようなものと思われがちですが、優れたデータツールというのは、人々との接触から得た情報をもとに関係を構築してゆくためのものです。ある家を訪問したところ、そのお宅は教育に強い関心を持っていたとしましょう。そうしたら、詳しい情報を持って再訪するのです。我々は、アマゾンの推奨エンジンのような方向をめざす必要があります」[34]。米国大統領選挙は、浮動州の世界から浮動衆の世界へと変わりつつあるわけだ。

では、いまが2016年で、米国の次期大統領を選ぶ選挙がたけなわだとしよう。どのような状況になっているだろうか。

状況は人によって大きく異なる。選挙によく行く浮動層だとデータから判断された人は、広告、電話、友達からの招待などでもみくちゃにされるはずだ。あまり投票に行かない人は、あちらからもこちらからも、選挙に行くように勧められるだろう。

平均的な米国人だったらどうなるだろうか。つまり、だいたいいつも同じ党の候補者に投票する人だ。対立する党から見ると説得に応じる可能性は高くない。大統領選挙にはだいたい行くので支持政党から投票動員の電話がかかってくることもない。国民の義務として選挙には行くが特に政治に興味があるわけではなく、むしろサッカーやロボット、がん治療、地元のニュースのほうに興味がある。あなたのパーソナライズドニュースフィードはこのような興味関心を反映したものとなり、大統領選挙のニュースが登場することはない。

このようにフィルタリングされた世界で、候補者がマイクロターゲティングでごく少数の説得できそうな人にのみ働きかけるとすると、そもそも大統領選挙がおこなわれていることを平均的な米国人が知るチャンスはあるのだろうか。

一般向けに大統領選挙も報道しているサイトを訪れることがあっても、それだけでは、なにがどうなっているのかを知るのは難しいだろう。なにが争点となっているのか？　候補者が幅広い人に訴えることをやめれば、一般的にこれが重要だというメッセージもなくなる。そのかわりに登場するのが、パーソナライズドフィルターを通過できるように仕組まれた断片的なメッセージである。

グーグルは、このような未来に備えようとしている。２０１０年の大統領選挙では、政治広告に24時間体制で対応する「作戦本部」を設置し、選挙直前の10月深夜などでも新しい広告をすばやく承認し、掲載できるようにした。[35]ヤフーも、各選挙区における投票者の公開情報と自社サイトから得たクリック信号およびウェブ履歴データとをマッチングする方法を求めて実験をくり返している。サンフランシスコのラップリーフ（Rapleaf）といったデータアグリゲーション企業は、フェイスブックのソーシャルグラフ情報と投票行動の相関関係を解明し、友達の反応からそれぞれの人に最適な政治広告を示せるようにしようと努力している。

有権者の興味を引く話題について語ろうとするのは悪いことではない。「政治」の一言で皆が遠い目をするのでなければ、すばらしいことだとさえ言えるだろう。一方、インターネットの登場により、政治的な志を同じくする人がみつけやすくなり、さまざまな活動がおこなわれるようになった。人々が集まり団体として活動しやすくなったわけだが、同時に、パーソナライゼーションの進歩により、そのような団体が大衆に訴えることは困難になりつつある。パーソナライゼーションには、公という場自体を危険にさらす側面があるのだ。

政治広告は商業広告から5年は遅れていると言われており、今後、さまざまな変化があるものと思われる。いずれにせよ、フィルターバブル政治が浸透すれば、ひとつの争点のみを基準に投票する人が増えるだろう。パーソナライズドメディアと同じく、パーソナライズされた広告にも双方向性がある。たとえば、ハイブリッド車のプリウスを持っていると環境保護の広告が提示され、そういう広告が提示されるから環境保護に対する関心が強くなるといったことが起きる。そしてもし、わたしを説得するためには環境保護を訴えるのが一番だと判断できるなら、他の争点について語る手間など省いていいと候補者が考えてもおかしくないだろう。

投票しない人に対しては、今後とも、各陣営が取り込む努力をするはずだ。ここで問題となるのが、気に入らない広告を取りのぞく機能を提供する企業が増えている点だ。ユーザーがきらいな思想やサービスの広告を提示するのは、フェイスブックやグーグルにとって失策だからだ。同意できないメッセージを含む広告は嫌われることが多いので、この結果、説得のチャンスが小さくなる。共和党の政治コンサルタント、ヴィンセント・ハリスが書いているように「ミット・ロムニーの広告を同じ共和党内の反ミット勢力が見て、不快だなどと報告するボタンをクリックすれば、ロムニーの広告すべてをブロックし、見えないようにできる。ロムニー陣営が多額の資金をフェイスブックに投入したいと考えていても、オンライン広告キャンペーン自体をつぶしてしまえるわけだ」[36]。この結果、各陣営とも、好感の持てる形で主張する方法を考えなければならなくなり、広告の質があがるとも考えられるが、同時に、反対陣営の有権者に訴えるのをあきらめなければならないほど広告費用がふくれあがる可能性もある。

政治的な側面におけるフィルターバブル最大の問題は、公開の論争がしにくくなることだ。セグメントとそこに届けるメッセージの数が増えると、誰が誰になにを語っているのか追跡が困難になる。テレビの時代は簡単だった。ケーブルテレビのサービス地域ごとに対立候補の広告を記録するだけでよかったからだ。でもたとえば、28歳から34歳までのユダヤ系白人男性で、U2が好きとフェイスブックで語っており、かつ、バラク・オバマ陣営に献金したことのある人だけをターゲットにした広告が打たれるようになると、相手陣営がなにを発信しているのかを確認するのは不可能だろう。

2010年、ピート・フークストラ下院議員が増税反対運動への署名を拒否したと、保守系の政治団体、アメリカンズ・フォー・ジョブ・セキュリティがまちがった政治広告を流したことがあるが、そのときは、ピートが自分の署名をテレビ番組で公開し、広告を取り下げさせることができた。[37] テレビ局だけを真実の調停者とするのはよくない——わたし自身も、テレビ局に対してはいろいろと文句を言ってきている。それでも、真実をあきらかにする場がないよりはずっとましだ。選挙の時期に投入される何十万種類もの広告について、いちいち、真実であるか否かを判定する資源や意欲をグーグルなどの企業が持つかというと、疑問だと言わざるをえないだろう。

個人をターゲットとした選挙活動が増えると、陣営間で議論を応酬したり事実関係のチェックをおこなったりといったことが難しくなるだけでなく、ジャーナリストにとってもいろいろと難しい状況となるだろう。ジャーナリストやブロガーが重要な政治広告を手に入れにくい環境となるかもしれない。このような人をターゲットからはずすのは簡単であり、そうなれば、浮動層の実情を報道関係者がとらえにくくなる（解決しようと思えば、この問題は簡単に解決できる。オンライン広告の内容と誰をターゲットにしたのか、即時公開を義務づければいい。現状、前者は公開されたりされなかったりだし、後者は非公開である）。

テレビの政治広告がよかったと言いたいわけではない。テレビの政治広告はとげとげしく、不愉快でとても好きになれないものがほとんどで、できれば見たくないと思う人が多いだろう。しかし、放送の時代において、テレビの政治広告は重要な役割をみっつ、果たしていた。まず、選挙がおこなわれていると国民に知らせる役割だ。候補者がなにを重視しているのか、選挙の争点はなにか、どういう意見があるのかなどを国民に等しく知らせる役目も果たしてきた。そして、我々が直面する政治的問題について話し合う共通の基礎——レジを待っているあいだの話題——を提供する役目も果たした。

選挙活動にはいろいろと問題があるが、それでもなお、自分たちの国について意見を戦わせる場として重要である。米国は拷問を容認するのか？　社会進化論の国なのか、それとも社会福祉の国なのか？　誰を英雄とたたえ、誰を悪人となじるのか？　放送の時代には、選挙運動がこのような疑問に答えるチャンスとなっていた。しかし近い将来、そうではなくなるかもしれない。

細分化

ビル・ビショップは『ザ・ビッグ・ソート』で、消費トレンドの専門家、J・ウォーカー・スミスの言葉をこう紹介している――政治的マーケティングの目的は「顧客のあいだに忠誠心を醸成すること――マーケティング用語でいう平均購入額の改善、つまり、登録された共和党員が選挙に行って共和党に投票する可能性を高めることである。最近はこういう事業哲学が政治に応用されているわけだが、これはとても危険だとわたしは思う。なぜなら、合意を形成しようという話でもなければ、全体の福祉を考えましょうという話でもないからだ[38]」。

政治の世界におけるこのようなアプローチの普及は、フィルターバブルの台頭と根っこのところでつながっている。パーソナライズして働きかけた方が、費用あたりの効果が大きいのだ。同時に、先進工業国でおきるとあちこちで言われている価値観のシフトによる当然の結果でもある。基本的なニーズが心配しなくても満足されるようになると、人は、自分を象徴する製品やリーダーを求めるようになるのだ。

ロナルド・イングルハート教授はこの傾向を脱物質主義と呼び、「不足する物に主観的価値が置かれる」という基本前提から導かれる当然の帰結だとした。80カ国を対象に40年にわたっておこなわれた調査により、裕福な環境で、生存の心配をすることなく育てられた人々は、食糧難の時代に育った両親と大きく異なる行動を示すことがあきらかとなった。「社会のタイプごとに、どのような政治課題がもっとも重要視されるのか、有意差をもって予測することさえ可能である」と、イングルハートは『近代化と脱近代化』に書いている。[39]

もちろん国による違いもかなり大きいが、脱物質主義者に共通する性質がある。まず、権威や伝統的な制度に対する敬意が薄い（権威主義的独裁者の魅力は、基本的な生存の恐怖から来るもののようだ）。異質なものに対する許容性が高いのも特徴である。同性愛者の隣に住む場合の安心度と生活に対する満足度のあいだに強い相関関係があると示すデータもある。また、旧世代は金銭的な成功と秩序を重んじるのに対し、脱物質主義者の世代は自己表現と「自分らしくあること」に価値を置く。

その名前から誤解されることも多いが、脱物質主義と反消費主義は別物である。脱物質主義は、消費者文化の基礎の部分で進行している。昔は生きてゆくのに必要だったから物を買ったが、いまは自己表現の手段として買うことが多い。同じことが政治の世界でも起きている。自分が目標とする姿を体現しているか否かを基準に、投票する候補者を選ぶ人が増えている。

この結果、ブランドの細分化と呼ばれる事態が進んでいる。もともとブランドとは、「ダヴは、最高の原料で作られたピュアな石けん」など、製品の品質を保証するものであり、そのような時代は、その製品が提供する基本的な価値を中心に訴える広告が多かった。最近のようにブランドがアイデンティティを表現する時代になると、表現したいと考えるアイデンティティが大きく異なるグループ一つひとつに向けた発信が必要となる。その結果、ブランドは細かく分裂する。だから、パブスト・ブルーリボンビールについて知れば、バラク・オバマ大統領が直面する課題も理解できる。

2000年代のはじめ、パブスト社は厳しい状態にあった。顧客基盤の中核となる地方在住の白人への普及率は限界に達していたし、販売量は1970年の年間2000万バレルから100万バレルまで落ちていた。ビールの販売量を増やしたければ新しい市場を開拓する必要があった。これを実現したのがマーケティング部門のニール・スチュワート課長だ。目を付けたのはオレゴン州ポートランド。ここはパブストの業績がよく、白人労働者階級の文化に対して風刺的な郷愁のようなものがあった。パブストの薄いビールをまじめに楽しんでもらうのが無理なら、斜に構えて飲んでもらえばいいのではないかとスチュワートは考えたのだ。そのため、ギャラリーのオープニング、バイクメッセンジャーのレース、スノーボード競技会など目新しいイベントにスポンサーとして参加する。[40] 1年もたたずしてパブストビールの売上は急上昇。こうして、ブルックリンの一部地区では、低価格帯ビールのなかでパブストが売られることが多くなったのだ。

パブストが開拓した市場はここだけではない。中国におけるパブストビールは「世界的に有名なお酒」という位置づけで、都市部のエリートが飲む高級酒となっている。広告では「スコッチのウィスキー、フランスのブランデー、ボルドーのワイン」に並ぶものとされ、木樽の上におかれた細長いシャンパングラスにはいって登場する。販売価格は1本44ドル相当である。[41]

ブランド再構築では、ある集団向けの製品だったものを別の集団にアピールするよう「位置づけを再構築」するのが普通だが、パブストの話はまったく違うやり方である点が興味深い。いまも白人労働者階級はパブストを愛して飲んでいる。素朴な文化の肯定だ。流行に敏感な都市部の人たちはウィンクしながら飲んでいる。そして、裕福な中国のホワイトカラーはシャンパンの代わりとして、経済力を誇示する消費の象徴として飲んでいる。同じ飲み物なのに、集団ごとにその意味が大きく違うのだ。

市場ごとにそのアイデンティティを表す製品を欲しがる力が遠心力としてブランドを細分化するように、政治におけるリーダーシップも細分化が進んでいる。バラク・オバマ大統領の政治スタイルはカメレオンのように変幻自在だとよく言われる。「わたしは真っ白なスクリーンであり、そこに、政治的に異なるさまざまな人々が、それぞれ自分の見方を投影できるのだ」と、オバマは2006年、『合衆国再生――大いなる希望を抱いて』に書いている。[42] もともと政治的に万能で融通が利く人物だったからという側面もある。しかし、細分化の時代にこれが強みとなっているのも確かだ。

(もちろん、インターネットで一体化が推進されるという面も存在する。オバマの場合なら、サンフランシスコの献金者に話した「銃や宗教にしがみつく」人々のコメントがハフィントン・ポストに報道され、大きな問題となった例がある。ウィリアムズバーグに住む流行の先端をゆく人も、どこかのブログで中国におけるパブストのマーケティング戦略を知る可能性がある。このように細分化には危うい面もあるし、真正性を損なうおそれもあるが、だからといって全体的な勘定が変わってしまうわけではない。むしろ、ターゲティングの精度をあげる必要性がさらに高まるだけだ。）

細分化の問題は、オバマが経験したように誘導が難しい点だ。支持母体ごとに違う話をするのはいまに始まったことではない。おそらくは、政治というものが始まったころからおこなわれてきたことだろう。ただ最近は、重なりの部分、つまりすべての支持母体に共通するコンテンツが急速に少なくなっている。さまざまな種類の人に訴えることもできるし特定のなにかを訴えることもできる。しかし、両方を同時におこなうのはどんどん難しくなっている。

パーソナライゼーションはブランド細分化の原因であると同時に結果でもある。自己表現を極めたいという脱物質主義的な望みにぴったりでなければフィルターバブルがここまで魅力的となることはなかっただろう。しかし、いったんフィルターバブルに包まれてしまうと、我々がどういう人間であるのかとコンテンツストリームとをマッチングさせるプロセスによって共通の体験が浸食され、政治の世界におけるリーダーシップが崩壊寸前まで追いこまれる可能性があるのだ。

対話と民主主義

　脱物質主義政治には、豊かになるにつれて国は寛大になり、国民は自らを表現するようになるというよい面がある。悪い面もある。イングルハート教授の教え子で環境保護活動における脱物質主義を中心に研究しているテッド・ノードハウスはこう語ってくれた。「脱物質主義の影は、強烈な自己参加にあります……このすばらしい暮らしを可能にしてくれた集団的努力という背景がすべて失われてしまうのです」[43]。脱物質主義の世界では自分を表現することがもっとも重要となり、そのような表現を支える共通インフラストラクチャーは視野にはいらなくなる。多くの人に共通する問題が目にはいらなくなっても、問題は我々を見逃してくれない。

　わたしが育ったメイン州リンカーンヴィルにある900人ほどの小さな村では、年に数回、村民集会が開かれていた。数百人の村民が小学校の講堂や地下室に集まり、学校の新設や速度制限、区画規制、狩猟条例について話し合った。灰色をした金属製の折りたたみ椅子が並べられ、列のあいだにはマイクが置かれていて、話したいことのある人が順番に話をしていたことを覚えている。わたしにとってはこれが民主主義の第一印象だ。

　完璧なシステムとは言いがたいものだった。だらだらと話しつづける人がいた。大声のヤジで黙らされる人もいた。でも、ほかでは得られない感覚、我々のコミュニティを構成するのはこういう人たちなのだという感覚を与えてくれるものだった。たとえば海沿い地区の商業活動を活性化しようという議題については、静かな夏を楽しむ裕福な別荘族の話があり、大地への回帰を推進していて開発に否定的なヒッピーの話があり、田舎でかつかつの暮らしを何世代も続けていて人が増えれば貧乏から抜けられるかもしれないと期待する家族の話があり、という感じだ。話は行ったり来たりで、合意にいたることもあればばらけて議論になることもあったが、最後にはだいたい、次になにをするかを決めることができた。

わたしはこの村民集会が好きだった。しかし、そこでなにがおこなわれていたのかを本当に理解したのは、『ダイアローグ――対立から共生へ、議論から対話へ』を読んだときだった。『ダイアローグ』の著者、デヴィッド・ボームは、ペンシルバニア州ウィルクスバリで家具店を営むハンガリー系とリトアニア系のユダヤ人を両親とする人物で、社会的に低い階層の出身である。カリフォルニア大学バークレー校に入学すると、原子爆弾の開発をしていたロバート・オッペンハイマーが率いる理論物理学者のグループに参加する。そして１９９２年10月、20世紀有数の偉大な物理学者として惜しまれつつ、72歳で亡くなった。

専門は量子数学だったが、ボームはほかのことにも多大な時間をつぎ込んだ。文明の進歩に伴う問題、特に、核戦争の危険性を気にしていたのだ。「技術は進歩し、よい面でも破壊という面でもその力は拡大してゆく。問題の根源はなんなのだろうか。根源は、基本的に思索にあるとわたしは思う」[44]。ボームの目には、解決策もはっきりと見えていた――対話である。そして１９９６年、この問題に関する決定版ともいえる著作を出版したのだ。

コミュニケーションをおこなうとは、文字どおり、なにかを共通にすることだとボームは言う。そしてこの共通にするプロセスは、あるデータを集団に公開するだけのこともあるが、一般には、集団が協力して共通する意味を新しく生みだすことが多い。「対話という形で、人は共通する意味のプールに参加する[45]」のだ。

ボームの前にも、対話の民主的な可能性に着目した人がいる。20世紀におけるメディア理論の第一人者、ユルゲン・ハーバーマスも同じように考えていた。ふたりが対話を特別なものと考えたのは、人々が民主的に自分たちの文化を形づくり、自分たちの考えを世界全体に合わせて調整する方法となるからだ。ある意味、対話なしに民主主義は機能しないとも言える。

ボームは、このほかにも対話に意味をみいだしていた。対話があれば、人は、複雑なシステムの全体像を把握できる。自分が直接参加しなかった部分についても把握できるのだ。我々は考えや会話を細かく砕き、全体と関係のない断片にしてしまう傾向があるとボームは考えた。たとえばたたき壊された時計のように——このとき時計は、それを構成していた部品ではなく、全体としての時計とは関係のないガラスや金属の破片になってしまう。

このような特性があるから、リンカーンヴィルの村民集会は特別なものとなっていたのだ。どちらに向かうべきか、合意にかならずいたるとは限らないが、集会というプロセスを通じ、状況全体について共通の地図が作られる。部分が全体との関係を理解する。そしてそれが民主的な統治を可能にする。

村民集会はもうひとつ、別の面でも役に立っていた。村民集会があったから、問題が生じたとき、その問題に手際よく対応できたのだ。ソーシャルマッピングにおいてコミュニティとは密につなぎ合わされたノードの集まりをさす。わたしの友達がコミュニティとなるのは彼らがわたしを知っているからではなく、わたしと関係なく互いに関係を持っているからだ。コミュニケーションが強いコミュニティを作ると言ってもいいだろう。

結局のところ、民主主義が機能するためには、我々国民が狭い自己の利益以外のことまで考えられなければならない。そしてそのためには、我々が共同生活をしているこの世界について全体像を共有している必要がある。ほかの人々の暮らしやニーズ、望みなどに触れる必要がある。しかし、フィルターバブルはこの反対へと向かう。フィルターバブルのなかでは、狭い自己の利益がすべてであるかのように感じられる。オンラインで買い物をしてもらうにはそのほうが好都合だが、皆で優れた決定をおこなうには不都合である。

「(民主主義の)最大の困難は、分散し、動きまわる多種多様な大衆が自分たちはそういうものであると認識し、自分たちの利益を明確にし、それを表現する方法がなかなかみつけられない点にある」とジョン・デューイは考えていた[46]。インターネットが登場したころは、これでようやく町全体――いや、国全体――が対話を通じて文化を創ってゆける媒体を手に入れられるのではないか、と強く期待されていた。しかし、パーソナライゼーションによって状況は一変した。公はアルゴリズムによって仕分け・操作され、設計に従いばらばらに砕かれ、対話に敵対する場となってしまった。

このようなシステムを設計したエンジニアたちは、なぜ、このような形にしたいと考えたのだろうか。この点について検討することが大事だろう。

第六章
Hello, World!

ソクラテス：あるいはまた、船上において、望むがままに振る舞える権力を持った男が航海術の知識も技能も持っていなかったとしたら、彼本人や他の船乗りたちはどうなるだろうか[1]。

——プラトン『アルキビアデスⅠ』、「サイバネティックス」という言葉が初めて登場した書物

これは、プログラミングの教本で最初に取りあげられるコードの例、プログラマーになろうと思った人が最初に学ぶことだ。C＋＋であれば、次のようになる。

```
void main()
{
cout << "Hello, World!" <<
endl;
}
```

具体的なコードはプログラミング言語によって異なるが、得られる結果は同じだ。真っ白なスクリーンに次の1行が表示される。

Hello, World!

作品に対する神からのあいさつ、いや、神に対する作品のあいさつかもしれない。この1行を目にしたとき、人はしびれるほどの喜びを感じる——創造の電気が指先からキーボード、コンピューターへと流れ、世界へと環流する。生きている、と感じるのだ。

プログラマーのキャリアがかならず「Ｈｅｌｌｏ，　Ｗｏｒｌｄ！」から始まるのは偶然ではない。プログラミングとは新しい宇宙を創造する力である。だからこそコードに魅せられる人が多いのだ。数行あるいは数千行を打ちこみ、あるキーをたたくと、スクリーンに新しいなにかが生まれる——新しい宇宙が生まれる、新しいエンジンがうなりをあげはじめるのだ。能力さえあれば、創造できるかぎりのものを創り、操ることができる。

「我々は神のようなものであり、その役割を上手にこなせるようになるかもしれない」[2]——未来派のスチュアート・ブランドが１９６８年、ホールアースカタログ誌の表紙に書いた言葉だ。ブランドのホールアースカタログは「大地へ帰れ運動」から生まれた雑誌で、カリフォルニア州で増えつつあったプログラマーやコンピューターマニアに人気を博した。人は普通、環境のなすがままだが、ツールや技術を手にすれば神となり、環境を意のままに操ることができる——ブランドはそう考えた。そしてコンピューターは、どのようなツールにでもなれる万能のツールだった。

ブランドは、シリコンバレーとギークの文化に計り知れないほどの影響を与えた。本人はプログラマーではなかったが、シリコンバレーの世界観を作ったのはブランドのビジョンなのだ。フレッド・ターナーが『カウンターカルチャーからサイバーカルチャーへ』で詳しく紹介しているように、ブランドらＤＩＹ型未来派の人々は不満をいだいたヒッピーであり、ハイト・アシュベリーに次々と誕生していたコミューンは居心地が悪いと感じて社会変革を求める人々だった。彼らは、譲歩と妥協、そして集団の意思決定というややこしい方法で政治的な変化を勝ちとって新しい世界を作るのではなく、自分たちだけで新しい世界を作ろうと考えたのだ。

工学文化興隆の歴史をつづった『ハッカーズ』で、スティーブン・レビーは「ユーザーがマシンの電源をいれるたび、そして、さまざまな言葉や考え、絵、あるいは、無から生みだされた複雑な世界がスクリーンに描きだされるたび、『コンピュータープログラムは人を神にする』という理念がプログラマーからユーザーへ拡大していった」と指摘する[3]（レビーがこの本を書いたころ、「ハッカー」という単語には、まだ、慣習に逆らって法を犯すという意味合いがなかった）。

神になりたいという想いは、クリエイティブな職業につきものと言える衝動である。アーティストはさまざまな色にあふれた風景を生みだし、小説家は社会を紙の上に構築する。しかし、これらはいずれも創作物だとはっきりわかるものだった。絵は返事をしないからだ。しかしプログラムなら返事が可能で、それを「現実」だと人は誤認しがちである。たとえばエリザという人工知能プログラムがある。基本的な文脈をヒントにセラピストのような質問をいろいろと返すようにプログラミングされたごく単純なものだが、このエリザを相手に何時間も深刻な問題について話す被験者もいたりした。「家族にちょっと問題があるのです」と入力すると、すぐにエリザから「家族について詳しく話していただけますか？」と返ってくるのだ[4]。

奇行や頭の問題から社会の片隅に追いやられた人の場合、新世界構築に強く惹かれる理由が少なくともふたつ考えられる。まず、社会生活がうまく行かない場合や差別されている場合、現実逃避に走るのが普通だろう。ロールプレイングゲームが好きな人、SFが好きな人、ファンタジー文学が好きな人、プログラミングが好きな人がかなり重なっているのは偶然ではないと思われる。

ふたつ目の理由は、コードという世界はどこまでも拡張できる点だ。自分の領域においては万能だと言ってもいいだろう。シヴァ・ヴァイディアナサンの言葉を紹介しよう。「ルールに縛られずに生きられたらいいなと誰しも思うものです。アダム・サンドラーの映画でまわりの人の服を次々に脱がしてしまうものがありますが、ある意味、あのような感じでしょうか。お互いさまを人であることの美点であり報徳であると考えないのであれば、結果に責任を取らず自由に行動できる場所や方法が欲しいと思うでしょう」[5]。高校生活が意味のない校則で押さえつけられていると感じれば、自分ルールを作りたいと強く思うわけだ。

この方法は、創造した世界の住人が自分だけのあいだはうまくゆく。しかし、創世記の神のように、すぐ、さびしくなってしまう。だから、自家製の世界に入口をつくり、他人がはいってこられるようにする。こうして事態は複雑になる。自分が構築した世界に多くの人がはいってくるほど自分の力は大きくなるが、横柄な人がはいってくることもあるからだ。サイバーブースターからサイバープラグマティストに転じたダグラス・ラシュコフは、こう語ってくれた。「プログラマーというのは、ゲームやシステムなどに一定のルールを設定し、どのような干渉も受けずに走らせたいと考えます。お世話係がいなければ動かないプログラムなど、いいプログラムとは言えませんよね？　プログラムは放っておいても動くはずなのです[6]」

プログラマーは神になりたいという想いを持つことがあるし、社会を変革したいという願いを持つこともある。しかし、政治家になりたいと思うプログラマーはまずいない。「プログラミングというのは透明で中立、統制しやすい領域だと考えられており……ここでは、喜びをもたらす有益な成果が得られる。これに対して政治は妥協の産物や問題、汚点だらけの世界、イデオロギーで曇った活動であり、この活動からはまずなにも生まれないとプログラマーは考えることが多い」と、ニューヨーク大学の人類学者、ガブリエラ・コールマンは書いている[7]。このような考え方にもいい面はある。しかし、プログラマーが政治を忌避しているのは問題である。人が集まればどうしても問題が発生するわけで、そのとき、力を持つ人々が裁定を下し、統治しなければならないからだ。

この死角が我々の暮らしにどのような影響を与えているのか、それを検討する前に、まずエンジニアの考え方を見てみたほうがいいだろう。

自分を、頭はよいが底辺高校に通う生徒なのだと考えてみてほしい。大人社会から疎外されているのは当然だが、あなたは、生徒仲間の権力構造からも疎外されており、孤独感と疎外感に満たされてもいる。数式や体系はさっと理解できるが、人は難しい。社会的な信号はごちゃごちゃとややこしく、なかなか正しく解釈できないからだ。

ある日、あなたはコードに出会う。お昼のテーブルで無力なあなたもコードを使えば望むままに世界を改変できる。コードはまた、秩序だった明快な記号体系をもたらしてくれる。地位や居場所を人と争う必要はもうない。がみがみと小うるさい両親ももう気にならない。目の前には真っ白なページがあり、自分の世界を自由に描くことができる。すばらしい世界や自分の居場所を一から作ることができる。

これであなたもりっぱなギークである。

ギークやソフトウェアエンジニアは友達がいないとか、社会性に欠けるとか言いたいわけではない。プログラマーになれば手にはいると考えられることがあると指摘しているのだ。記号体系を身につけ、記号体系を支配するルールを学べば、その体系を好きに操る力を得る。現実世界で無力だと感じるほど、この魅力は強くなるだろう。「ハッキングすると対象システムを深く理解できるだけでなく、病みつきになりそうな支配力が手にはいり、もう少しですべてを支配できるようになるのではないかという幻想を抱く」とスティーブン・レビーも書いている。[8]

コールマンが指摘しているように、体育会系とオタクというステレオタイプ以外にもさまざまなギーク文化が存在する。たとえばオープンソフトウェアを推進する人たちがいる。この道でもっとも有名な、リナックスをつくったリーナス・トーバルズは、多くの人に使ってもらおうと、膨大な時間をかけて仲間と共同でフリーソフトウェアツールを作成した。このほか、シリコンバレーでスタートアップを立ちあげるアントレプレナーもいる。スパム防止に熱中し、オンライン警備隊を組織してバイアグラ販売業者を探して活動停止に追いこもうとする人もいる。スパマーなど、敵対的な一派もいる。技術によって他人を困らせ、それを楽しむトロール、通信システムへの侵入に情熱を燃やすフリーク、そして、可能だと証明するために政府系システムへ侵入するハッカーなどだ。

このように多様なニッチとコミュニティをひとまとめに一般化しようとすると、不全なステレオタイプとなりがちである。それをあえてまとめるなら「これらのサブカルチャーは根本的なところで力を見いだし、行使する方法が共通しており、それが、オンラインソフトウェアがなぜ、どのように作られるのかに大きな影響を与えている」となるだろう。

芯となっているのは、システム化の重視である。ギーク文化はほぼ例外なく知者の帝国となっており、王として君臨するのは創意工夫であってカリスマ性ではない。いかに上手に創造されているかのほうが、それがどう見えるのかよりも重視される。データ主導型、現実重視で、見た目より中身に価値を見いだすのがギーク文化なのだ。コールマンも指摘しているが、ここではユーモアがとても重視される。ジョークは言語の操作能力を示すものだからだ。ちょうど、ややこしい問題をエレガントな方法で解決すればプログラミング能力が高いと示せるように（権力者のアホな面を示してくれることが多いというのも、ユーモアの魅力だろう）。

システム化がとても魅力的なのは、その力が仮想空間以外にも及ぶからだ。社会的な状況を理解し、上手に泳ぐ助けともなるからだ。このことをわたしは体験から学んだ。ファンタジー本、内向性にＨＴＭＬやＢＢＳへの傾倒と、ギークまっしぐらの人生を歩んでいた17歳のとき、わたしは米国の反対側まで不向きな仕事をしに飛んだのだ。

高校２年も後半にはいって将来に不安を抱いていたわたしは、手当たり次第に研修生の問い合わせをした。サンフランシスコの核軍縮団体から返事がきたので、よく考えもせずに申しこむ。現地についてはじめて、戸別訪問の運動員に申しこんだことに気づいた。どう考えてもわたしには向かないのだが、ほかにあてもないため、仕方なく研修を受けることにした。

その日、戸別訪問とは技であると同時に科学でもあると教えられた。その法則は強力だ。まず、相手の目を見る。この問題が自分にとって重要である理由を説明する。寄付をお願いしたら、相手が口を開くまで待つ。とても興味をそそられた。お金をくれというのは怖いが、その裏に論理が隠されているらしい。このやり方は覚えておこうとわたしは考えた。

パロアルトの芝生をはじめて横切るとき、わたしは心臓が口から飛びだしそうな気分だった。会ったこともない人のお宅を訪問し、50ドルくれと言わなければならないのだ。ドアが開くと、長い白髪の女性が困った顔を出した。わたしは深呼吸してから口上にはいる。くれと頼む。待つ。

と、女性はうなずき、小切手帳を取りにいってくれた。
ものすごくうれしかったが、それは50ドルがもらえたからではない。もっと大きなこと──社会生活という混沌を整理し、わたしが理解し、身につけられる法則にできると感じたからだ。わたしは人見知りで初めての人にどう接していいのかわからず、いつも困っていた。しかし、初めて会った人から50ドルを渡してもいいと信頼してもらえる論理があるのなら、もっといろいろな論理があるはずだ。そう思いながらパロアルトやマリンの庭を歩きつづけたわたしは、夏の終わりにはトップクラスの運動員になっていた。
システム化は、きちんと機能するソフトウェアがつくれる優れた方法だ。そして、科学的・定量的な手法で社会観察をおこなうと、人間にかかわるもろもろについて多くの発見が得られる。ダン・アリエリーは、我々が日常生活でおこなっている「予想どおりに不合理」な判断について研究し、優れた判断をおこなうヒントを提示してくれている。数学的にマッチングをおこなう出会い系ウェブサイト、ＯＫキューピッド・ドット・コムのブログでは、利用者がやりとりする電子メールからさまざまなパターンを抽出し、どういう書き出しのほうがいいのかなど、好ましいデート相手となる方法を指南している。[9]
これも過ぎたるは及ばざるがごとしとなる。第五章で検討したように、人間の行動はとても予想しにくいことが多い。一方、システム化はほとんどのケースでうまく働くため、法則を抽出し、力ずくでシステムを理解しただけなのに、つい、システムのすべてを制御しているように錯覚しがちである。また、自分で宇宙を生成し、その主《あるじ》になった場合、人を目的のための手段と見てしまいがちになる。いろいろなことを感じたり考えたりする血の通った存在ではなく、自分の頭にあるスプレッドシートに入力された変数で好きにいじれるものだと思ってしまうのだ。システム化しつつ、同時に、予測不能性、情緒性、驚くほどの気まぐれさなど、人間活動の豊かさに訴えるのはとても難しい。

エール大学でコンピューターの研究をしているデイヴィッド・ガランターは、ユナボマーの小包爆弾で右手と目を失い、もう少しで命まで落とすところだった。技術の理想郷を追う人物だと犯人のテッド・カジンスキーに思われたかららしいが、ガランターはそのような人物ではない。

取材にこたえてガランターはこう語った。「公の場でなにかをするのであれば、公の場とはどういうものなのかを知っておく必要がある。この国はなぜいまのようになったのか。技術と国民の関係は歴史的にどう推移してきたのか。どのような政治的議論がおこなわれてきたのか。しかし、ハッカーと言われる人たちはこのようなことをほとんど知らない。だから、こういう人たちには社会政策を左右する立場について欲しくないと思う。悪い人だからではなく、必要な教育を受けていないからだ[10]」

複雑に入り組んだ世界を規定するルールを理解すれば、その世界を理解し、うまく渡ってゆける。しかしシステム化にはトレードオフがつきものであり、ルールによってコントロールはしやすくなる一方、微妙な雰囲気や肌触りなど、深いつながりの感覚が失われてしまう。そして、情緒にいたるまで厳密にシステム化し、それをもとに社会的空間が形成されると（オンラインではよくある形態だ）、かなり悲惨な結果となることもある。

新種の建築家

都市計画の専門家は、昔から、設計に政治的な力があると知っていた。ロングアイランドのウエストベリーからジョーンズビーチまでワンタフ・ステート・パークウェイを走ると、ツタに覆われた低い陸橋をいくつもくぐることになる。高さが2・7メートルしかないものもあり、ここをくぐれない大型トラックは走行が禁じられている。これは設計ミスのように見えるが、実はそうではない。

このように低い陸橋は200カ所ほどあるが、この背景には、ロバート・モーゼスを中心としたニューヨーク地域のグランドデザインがある。モーゼスは有力政治家と太いパイプをもつ陰の実力者で、エリート主義を隠しもしない人物だった。モーゼスは、ジョーンズビーチを中流白人家庭の保養地にしようと考えていたと、作家のロバート・A・カロがモーゼスの伝記に書いている。陸橋は、低所得（ほとんどが黒人）のニューヨーカーがビーチへ行きにくくなるように高さを低くしたらしい。スラム街の住人にとっては公営バスが中心的な足となるが、そのバスが通れないようにしたのだ。
カロ著『ザ・パワー・ブローカー』のこの一節に注目したのが、ローリングストーン誌の記者でミュージシャン、そして技術領域の哲学者で大学教授のラングドン・ウィナーだ。ウィナーは1989年、「人工物は政治的手段か」という論文を著し「コンクリートと鋼鉄でできた（モーゼスの）巨大な建造物は、しばらく時間がたつと単なる風景にしか見えない形で人々に一定の関係を組みこみ、社会制度的な不平等を体現している」と訴えた。[11]

一見すれば、橋は橋にすぎない。しかしウィナーが指摘するように、美的な面だけでなく、政治的な面から建築や設計が左右されることが実は多い。金魚は水槽の大きさに合わせて育つと言われるが、我々も同じようなもので、言動が環境の影響を受ける文脈的な生き物である。公園内に遊び場を作ればある種の使い方が増えるし、記念碑をつくれば別の使い方が増えるわけだ。

最近、我々はサイバースペースで過ごす時間が増え、逆にギークがミートスペースと呼ぶ空間、つまりオフラインで過ごす時間が減っているわけだが、そのとき、モーゼスの橋の問題を忘れてはならないだろう。グーグルやフェイスブックのアルゴリズムがコンクリートと鋼鉄でできているわけではないが、橋と同じくらい効果的に我々の言動を規定していることはたしかだ。これこそ、法学部の教授でサイバースペース理論の草分けのひとり、ローレンス・レッシグの「コードが法」という有名な言葉が示しているものだ。[12]

コードが法なのであれば、それを起草しているのはソフトウェアエンジニアやギークたちである。しかも法律としてはかなり変わっている。司法制度や立法府の関与もなくつくられ、できると同時にほぼ完璧に施行される。器物損壊罪が刑法に規定されていても、現実世界なら、気に入らない店に石を投げて窓ガラスを壊すことができる。しかも、捕まらずに逃げられるかもしれない。ところがオンライン世界では、破壊行為が設計に組みこまれていなければやろうとしてもできない。仮想店舗に石を投げたとしてもエラーになるだけだ。

「意識するとせざるとにかかわらず、また、故意であるかないかにかかわらず、社会は、長年にわたり人々の仕事やコミュニケーション、移動、消費などに影響を与える技術の構造を選定する」と、ウィナーも1980年に書いている。[13] もちろん、いま設計に携わっている人々が悪意を持っていると言いたいわけでもないし、意識的に社会をある種の形にしようと考えていると言いたいわけでもない。ただ、そういう影響力を持つということだ。いや、なにをどうしようと、構築する世界の具体的な形を作ることになると言うべきかもしれない。

スパイダーマンの生みの親、スタン・リーの言葉を借りると「大いなる力には大いなる責任が伴う」である。しかし、インターネットを生みだし、いままたフィルターバブルを生みだそうとしているプログラマーは、この責任をかならずしも負おうとしない。ギーク文化のオンライン収蔵庫、ハッカージャーゴンファイルによると「ハッカーは、①極端にノンポリか②風変わりな政治的信念や特異な政治的信念を持つかの両極端であることがハッカー以外の人よりもずっと多い」[14] そうだ。フェイスブックやグーグルなど、社会的に大きな意味を持つ企業の役員は、都合よく逃げることがあまりに多い。彼らは、そう見られた方が都合がよければ社会に変革をもたらす革命家となり、それ以外の場合は善悪の意識を持たない事業者となる。これはどちらも、重要な面に問題を抱えたやり方である。

ご都合主義

グーグル広報部に初めて電話をしたとき、わたしは、大きなキュレーション力を持つことをどう考えているかとたずねた。

——どういう倫理規定に基づき、御社は誰になにを見せるのかを決めているのですか？

「プライバシーということですか？」

広報担当者はとまどっているようだった。

——いいえ、編集の力について御社はどう考えておられるのかを知りたいのです。

「そういうことですか。できるだけ関連性の高い情報を提供したいとグーグルでは考えています」

つまり、倫理的な側面は考慮していない、あるいは、その必要はないということだろう。もう少し食い下がってみた。

――同時多発テロは陰謀だと主張している人が「9／11」を検索したら、陰謀説がでたらめだと証明したポピュラー・メカニクス誌の記事は提示しますか？　陰謀説をもとにした映画は？　関連性が高いのはどちらなのでしょうか。

「おっしゃりたいことがようやくわかってきました。興味深い問題ですね」

結局、はっきりした回答は得られなかった。

ハッカージャーゴンファイルにも書かれているが、エンジニアというのは、だいたいいつも、自分たちの仕事が倫理的・政治的な意味合いを持つと認めたがらない。自分たちが興味を持っているのは効率やデザイン、クールなものの作成で、どろどろしたイデオロギー的な争いやわけのわからない価値に興味はないと考えている。またたしかに、処理が速い動画レンダリングエンジンの政治的な意味と言われてもよくわからないだろう。

しかしこの姿勢は「人を殺すのは銃ではなく、人である」という意識につながることがある。

つまり、自分たちの設計が何百万もの人々の暮らしにどのような影響を与えるのかについては意図的に目をつぶるわけだ。フェイスブックが「いいね！」と名付けた結果、ある種の情報が優遇されるようになった。社会的なコンセンサスを示すように設計されたページランクから、ページランクとパーソナライゼーションの組み合わせへと移行したことは、関連性と意味に対するグーグルの考え方が変化したことを意味する。

この道徳意識の欠如は特に問題とならない――同じ人々、同じ組織が口にする、世界を変えるという威勢がよくて巧みな言葉と矛盾しないかぎりは。グーグルは世界の情報を整理し、そこに誰でもアクセスできるようにすることをミッションとして掲げているが、このミッションには倫理的な意味合いも含まれているし、それこそ政治的な意味合いも含まれている。密室のエリートから一般大衆へ、知識を民主的に再配分するというのだから。アップルの製品は社会的変化をもたらすものとしてマーケティングされている。暮らしだけでなく、社会にも革命をもたらすというのだ（スーパーボウルで流されたマッキントッシュ発表の有名なコマーシャルの最後は「1984年が『一九八四年』のようにならない理由がおわかりになるでしょう」だった）。

フェイスブックは自社を「ソーシャルユーティリティ」と呼ぶ。[15] まるで、21世紀の電話会社だと言いたいかのようだ。しかし、プライバシーポリシーが不安定で後退しているというユーザーの苦情は「自己責任」だとして取りあわない。使いたくなければフェイスブックを使わなければいいというのだ。大手電話会社が「電話の会話は公開する。それが気に入らないなら電話を使わなければいい」と言えるとは考えられないのだが。

フェイスブックは「ダサい奴になるな」を非公式なモットーとしているのに対し、「邪悪になるな」を掲げるグーグルは、倫理的であろうとする姿勢を見せることが多い。そのグーグルも釈放カードを切ることがある。サーゲイ・ブリンの言葉を紹介しよう。「グーグルを神だと言う人もいます。悪魔だと言う人もいます。グーグルはあまりに強大だと言う人には、ほかの業種と異なり検索エンジンの場合、クリックひとつで別の検索エンジンに行けてしまうことを思いだしていただきたいと思います。皆、自ら選んでグーグルを使っているのです。我々がだましているわけではありません[16]」

もちろん、この主張には一理がある。強制されてグーグルを使う人はいない。強制されてマクドナルドで食べる人がいないのと同じだ。であるのにブリンの言葉が気になるのは、何百万人ものユーザーに対して負うべきかもしれない責任をできるだけ小さくしようという姿勢が見え隠れするからだ。グーグルが提供するサービスをあてにしている人たち、グーグルへ何十億ドルもの広告収入をもたらしてくれる人たちへの責任を。

事態をさらにややこしくしているのが、自社の成果が望ましくない影響を社会にもたらすとき、明白な運命という技術決定論的な表現を用いるオンライン世界のアーキテクトが多いことだ。シヴァ・ヴァイディアナサンが指摘しているように、テクノロジストは「~できる」や「~すべき」とめったに言わず、「~になる」と言う。「今後、検索エンジンはパーソナライズされるようになるでしょう」と受動態で表現するグーグルのバイスプレジデント、マリッサ・メイヤーのように。[17]

社会はいつかかならず、経済状況を原因として資本主義から社会主義へ移行すると信じるマルクス主義者がいたが、それと同じように、技術は予定されたコースを進んでいると信じるエンジニアや技術決定論者は少なくない。ナップスターの共同創設者でフェイスブックの初代社長となったショーン・パーカーも、ハッキングに興味を持ったのは、それが「社会を再構成するものだから。社会が大きく変化するとき、その原動力となるのは事業でも政府でもなく、技術なんだ」とヴァニティ・フェア誌のインタビューにこたえている。[18]

ワイアードの創設メンバーで編集者のケビン・ケリーが書いた『テクノロジーの望み』は、技術決定論者の考え方を巧みに表現した意欲的な書物だ。このなかでケリーは、技術とは自らの望みと意図をもつメタ生物、「生物の第7界」であるとした。[19] 彼はこれをテクニウムと呼び、単なる人類よりパワフルな存在だと考えた。我々が望むと望まざるとにかかわらず、いつの日か、技術――パワーを飲みこんで選択肢をふやしたいと考える力――は自らが望むものを手に入れるというのだ。

大きな力をもつ新興のアントレプレナーにとって技術決定論は便利で魅力的だった。技術決定論であれば、自分たちがしていることに責任をもたなくてよいからだ。祭壇の聖職者と同じように自分たちは大いなる力の器にすぎず、その力にあらがうことは無駄と考えられるからだ。自分たちがつくるシステムの影響など気にしなくていい……。しかし、技術がすべてを解決してくれるわけではない。解決してくれるのであれば、いまごろ、世界的には食料が供給過剰なのに何百万人もの人が餓死するような事態にはなっていないはずだ。

社会的な責任や政治的な責任に対するソフトウェアアントレプレナーの姿勢がめちゃくちゃなのも、驚くには値しないだろう。その主因は、できるかぎり速い成長を求めるのがオンライン事業というものだからだと思われる。まだ若いプログラマーが大成功と大金持ちへの道を歩きはじめるのだから、このようなことをじっくり考える時間がなくても当然だ。背後のベンチャーキャピタリストから「マネタイズ」の圧力を加えられることも、社会的責任について熟考している暇がない理由のひとつだろう。

５００億ドルの砂の城

スタートアップのインキュベーター、Ｙコンビネータが毎年開催するスタートアップスクールという1日セミナーがある。Ｙコンビネータの投資をうけ、大望に目を輝かせる人々にテクノロジー系のアントレプレナーが体験を語るのだ。シリコンバレーの有名ＣＥＯが招かれることが多く、２０１０年はマーク・ザッカーバーグがメインスピーカーだった。

その日、ザッカーバーグは黒いTシャツにジーンズで登場し、好意的な聴衆を前に気さくな感じで話をしていた。だが、普通の人にも彼の名前が知られるきっかけとなった映画『ソーシャル・ネットワーク』のことを対談相手のジェシカ・リビングストンから聞かれると、その顔にさまざまな感情がよぎる。「映画のとき、どういうものを現実どおりにしようとするのか、見ているとおもしろいですね。たとえば、シャツとかフリースとか、映画の撮影に使われたのは、すべて、僕が持ってるものなんですよ[20]」

虚構と現実が食い違っている点は自分のモチベーションだったとザッカーバーグは話を続ける。

「フェイスブックをつくり、なにかを構築したのは、ただただ、女の子にもてたかったからとか社会的ななにかに食いこみたかったからとか、そんな風に映画は描こうとしてます。でも、友達はみんな知ってるけど、僕はフェイスブックを始める前から同じ子とつきあってるんですよ。ぜんぜん違うんです……ただつくるのが好きだからなにかをつくる人がいるなんて理解できないみたいです」

これは、フェイスブックを上手に宣伝するための言葉にすぎない可能性もあるし、26歳の億万長者が帝国建設の意欲を持っていないはずもない。それでも、このコメントは率直な一言だと感じられた。アーティストや職人と同じようにプログラマーにとっても、多くの場合、モノをつくること自体が最高の報酬なのだ。

フェイスブックには欠点もあるし、アイデンティティに対する創業者の姿勢にも問題があると思うが、それは悪意のある反社会的な考え方によるものではない。フェイスブックなどのスタートアップが大成功したときに生まれる状況が特異なだけで、その状況ではある意味、当然の結果と言うべきものなのかもしれない。二十代の若者がわずか5年で、5億もの人々の行動に大きな影響を与えるポジションについてしまうのだ。砂で城をつくっていたら、突然、その城が500億ドルの価値をもち、世界中の人が一部をほしいと言いだすようなものだろう。

もちろん、ビジネスの世界には、我々の社会生活をゆだねるのにもっとふさわしくないタイプの人もいる。ギークはルールを重んじる人種で、筋の通った行動をすることが多い。じっくり検討したうえで自分なりのルールを定め、社会的な圧力をうけてもそのルールを守るのだ。ページとブリンをスタンフォードで担当した教官、テリー・ウィノグラード教授は、ふたりについてこう語っている。「権威に対しては懐疑的な見方をしますね。世界はこちらに進むべきだと自分たちが思う向きと反対に世界が進んでいるとき、彼らは、『自分たちは考えなおしたほうがいいのかもしれない』とは考えず『世界がまちがっているんだ』と思うでしょう」[21]

果敢な積極性、若干の尊大さ、帝国建設に対する興味、そしてもちろん、システム化の優れたスキルは一流のスタートアップに必要な資質だが、そのスタートアップが世界を統治するようになると、その資質が問題となる場合がある。世界的なスターダムへ一気に駆けあがったポップスターが、かならずしもそれに伴う大きな責任を負う準備ができているともかぎらないし、その意志があるともかぎらないように。また、他人がもつ権力はまったく信用しないくせに、自分は完壁に合理的で権力をもっても変わらないと思うエンジニアも少なくない。
この力は、よく似た個人の小さな集団にゆだねるには大きすぎるのかもしれない。真実の追究を誓ってスタートしたメディアの有力者が大統領から秘密を打ちあけられるようになって初心を忘れる。福祉事業として始めた事業がいつのまにか株主価値にとらわれてしまう。いずれにせよ、現状の制度がもつ問題点としては、十分に練られていない奇抜な政治的アイデアをもつ人に大きな力を渡してしまうことが挙げられる。

ザッカーバーグのメンターで、資金も提供したピーター・ティールの例を紹介しよう。ティールはサンフランシスコとニューヨークにペントハウスをもち、世界最速の車、ガルウィングのマクラーレンに乗っている。フェイスブックの株式も5％を保有。ハンサムで若く見える顔立ちをしているが、だいたいいつもふさぎ込んでいるように見える。なにかを真剣に考えているのかもしれない。十代のころ、ティールはチェスプレイヤーで、グランドマスターにはなれなかったがランキングの上位にははいっていた。「はまりすぎるとチェスが現実に思えてきて、現実世界を見失ってしまいます。わたしのチェスの能力はあのくらいが限界でした。もっと強くなろうとしたら、人生のほかの面に大きな問題がいろいろと生じていたでしょう」[22]と、ティールはフォーチュン誌のインタビューにこたえている。高校時代はソルジェニーツィンの『収容所群島』やJ・R・R・トールキンの『指輪物語』シリーズなど、邪悪な独裁者が権力についた話を多く読み、スタンフォード大学にはいると自由至上主義《リバタリアン》の新聞、スタンフォード紙を発刊して自由という福音を説いて歩いた。
１９９８年には、のちにペイパル（PayPal）となる企業の立ち上げに参加。ペイパルは２００２年、15億ドルでイーベイ（eBay）に買収された。[23] いま、ティールは、巨大なヘッジファンド、クラリウムと、シリコンバレーのソフトウェア企業に投資するベンチャーキャピタルのファウンダーズ・ファンドを経営している。掘り出し物をみつけるのがうまく、そのひとつであるフェイスブックも初の社外投資家となったのは彼だった（失敗もある。その結果、ここ数年でクラリウムは数十億ドルを失った）。しかし、投資はお金のためにだけおこなうものではないとティールは言う。半分は道楽なのだ。「インターネットで新しい事業を興すというのは、新しい世界をつくるようなものです。そのような世界が既存の社会秩序や政治体制に影響を与え、変化させてゆく――それがインターネットの希望なのです[24]」
ティールはどのような変化を期待しているのだろうか。資産家は自分の政治姿勢をあからさまにしない人が多いが、ティールは自分の立場を明確にしている。実際のところ、彼ほど変わった考え方はそうないと言っても過言ではないだろう。「ピーターは、死と税金は避けられないという世界を終わりにしたいのです。要するに、目標は高くということですね」と、ティールと協力することもあるパトリ・フリードマン（ノーベル経済学賞を受賞したミルトン・フリードマンの孫）がワイアードに語っている。[25]
リバタリアンなケイトー研究所のウェブサイトに書いたエッセイで、ティールは、「自由と民主主義が両立しなくなった」と考える理由をあきらかにしている。「1920年以来、生活保護受給世帯の大幅な増加と女性の権利拡張――とてもやっかいだとリバタリアンに悪名高いふたつの層――により、『資本主義的民主主義』という概念が矛盾語法的な表現となってしまった」[26]。その上で、未来に向けた希望として、宇宙開発、移動可能な極小国家を公海上に建設する「海洋立地」、サイバースペースを挙げた。また、遺伝子配列を解明し、寿命を延ばす技術に何百万ドルもの資金を投入している。数十年後には人とマシンが融合する特異点と呼ばれる日が来ると未来派の人々が信じているが、この特異点にもティールは注目している。

特異点が訪れた場合、コンピューター側に付くのが得策だと、あるインタビューでティールは主張している。「(人工知能を持つようになったコンピューターは)人間に好意的な存在になるはずだと我々は思っています。また、コンピューターに反対する人間であるとして有名になり、コンピューターに反対することで生計を立ててゆきたいと普通の人が考えるとは思えません」[27]

少々空想がすぎると感じるかもしれないが、ティールは気にしない。ずっと先を見ているからだ。「21世紀の進む道を決める中心には技術があります。すばらしい面もあれば悲惨な面もありますし、どの技術は育て、どの技術についてはもっと慎重にすべきかをよく考えて選ぶ必要もあります」[28]

もちろん、なにをどう考えようとそれはピーター・ティールの自由なのだが、今後、我々が住む世界に大きな影響を与えるであろうことを考えると、彼の考えに注意を払う必要があるだろう。

フェイスブックには、マーク・ザッカーバーグのほかに4人しか取締役がいない。ティールはそのひとりであり、しかも、ザッカーバーグが自分のメンターだと公言する人物である。2006年、「彼のおかげで、事業というものをどう考えたらよいかがわかりました」とブルームバーグ・ニュースのインタビューに答えたりしているのだ。[29] ティールも言うように、我々は技術について大事な決定をしなければならない時期にさしかかっている。その決定はどのようにおこなわれるのだろうか。ティールはこう書いている。「投票で物事がよくなるとは思えない」[30]

「どういうゲームをしているのか？」

もちろん、民主主義や自由についてエンジニアやギークの全員がピーター・ティールと同じ考えを持っているわけではなく、ティールが例外的存在なのはまちがいない。案内広告を無料で提供するクレイグスリストをつくったクレイグ・ニューマークは、サービスや公共心を含む「ギーク価値」というものを提唱している。ジミー・ウェールズとウィキペディアに集まる編集者は、人類の知を誰でも無料で利用できるように努力している。フィルタリングの巨人もこの分野に大きな貢献をしている。フェイスブックがあるおかげで幅広い人々との関係を管理できるし、グーグルがあるおかげで昔なら手にはいりにくかった研究論文などの公共情報が利用できるようになった。だからこそ、高い能力をもち開化した市民が民主主義的理想を推進できるようになったのだ。

しかし、エンジニアリングコミュニティが努力してくれれば、インターネットの市民空間はもっとすばらしくなる。この道について詳しく知るため、ハイファーマンに話を聞いた。[31]

ミートアップ（MeetUp.com）を創設したハイファーマンは、中西部らしい柔らかな語り口の人物である。それも当然だろう。出身地はシカゴ郊外の小さな町、ホームウッドである。本人は「あそこを郊外と呼ぶのはちょっと厳しいかもしれませんね」と言うが。実家は塗料店だった。ティーンエージャーのころ、ハイファーマンは、スティーブ・ジョブズの話をむさぼるように読んだ。お気に入りは、世界を変えるか砂糖水を売りつづけるか、どちらを望むかという一言でペプシから人材をひき抜いた話だ。「いままでずっと、広告には愛憎半ばという感じでした」。

１９９０年代前半はアイオワ大学でエンジニアリングとマーケティングを勉強しつつ、夜になると「意見広告型インフォテイメント」というラジオ番組をつくっていた。いろいろな広告を切り《リミッ》張り《クス》し、一種のサウンドアートとしたのだ。完成した作品はオンラインで公開し、リミックスの材料となる広告の募集もおこなった。こうして注目されるようになった結果、ソニーに就職してウェブサイトを管理する仕事に就く。

ソニーの「双方向マーケティング開拓者」として数年間を過ごしたのち、ハイファーマンはｉ－ｔｒａｆｆｉｃを立ちあげた。ウェブ広告会社のはしりとして有名になる会社だ。この会社は急発展し、ディズニーやブリティッシュ・エアウェイズなど有名企業の登録代理店となる。しかしハイファーマンは満たされない思いを抱いていた。名刺の裏には、人々を彼らが愛するブランドと結ぶというミッション・ステートメントを印刷していたが、しだいに、自分がしていることに意味はあるのだろうか、もしかすると、自分は砂糖水を売っているのではないだろうかと思うようになっていった。そして2000年、会社を去る決心をする。

それから2001年にかけ、ハイファーマンは意気消沈していた。「うつと言ってもいいような状態でしたよ」。そして9月11日、世界貿易センタービルに飛行機が突っこんだとのニュースを聞き、ローワーマンハッタンのビルの屋上から現場を見てがくぜんとする。「あれから3日間で、ニューヨークに移ってきて以来の5年間より多くの見知らぬ人と言葉を交わしました」

同時多発テロのすこしあと、たまたま読んだブログ記事がハイファーマンの人生を変える。テロはたしかにおそろしい出来事であるが、米国人が再び市民生活で団結するきっかけになるかもしれないという記事だ。ハイファーマンは、そこで紹介されていたベストセラー『孤独なボウリング』を買って読んでみた。「夢中になりました。技術の活用でコミュニティを再生し、強化できるかもしれないという考えに」。この問題に対する彼の答えがミートアップだ。地域の人々が実際に集まることを支援するサイトで、いま、7万9000以上もの地域グループがミートアップを活用して活動している。オーランドには格闘技のミートアップがあり、バルセロナにはスピリチュアルなものを求める都市住民のミートアップ、ヒューストンには独身黒人のミートアップがあるという具合だ。ハイファーマンも幸せになった。

「自分の才能をなにに注ぐべきなのか、自問せずに過ごす人が多いことを広告業界では学びました。人生はゲームのようなもので、皆、ゲームに勝ちたいと思っているわけです。では、どういうゲームをしているのでしょうか。なにに対して最適化しようとしているのでしょうか。アプリのダウンロードを増やすというゲームをしているのなら、上手に屁をこくアプリをつくるのがいいわけです」

「これ以上、モノはいりませんよ。魔法のような魅力ならiPadよりも人のほうが強いのです。人々との関係は媒体ではありません。友情も媒体ではありません。愛も媒体ではありません」。控えめではあるが、言葉には力がこもっていた。

人が満たされた人生を送れるようにすること、我々が直面する大きな問題を解決できるようにすること、そういう意義のあるなにかを技術で実現すべきだというこの考え方を世の中に広めるのは、意外なほど難しい。一般的なミートアップのほかに、ハイファーマンはニューヨークテックミートアップを設置した。このミートアップには1万人ほどのソフトウェアエンジニアが参加しており、毎月集まっては新しいウェブサイトのプレビューをおこなう。そのミーティングでハイファーマンは、教育やヘルスケア、環境といった重要な問題の解決に注力してほしいと熱弁をふるった。しかし反応はかんばしくない。それどころかブーイングで舞台を追われたようなものだった。『僕らは、ただ、クールなものがつくりたい。政治的な話を持ちこまれても迷惑だ』

という感じでした」

技術決定論者は、技術とは本質的によいものだと考えがちである。しかし、ケビン・ケリーがなにを言おうと、技術にはレンチやねじ回し並みの善意しかない。技術がよいことをするように人がしたとき、人がいい形で使ったときにのみ、技術はよいものとなるのだ。このことは技術史のメルビン・クランツバーグ教授が30年近くも前に上手に表現し、クランツバーグの第一法則として知られている──「技術は善でも悪でもない。中立でもない」だ。[32]

善きにつけ悪しきにつけ、プログラマーやエンジニアは、社会の未来を形づくる大きな力をもつ地位にある。この力は、貧困や教育、疾病など、現代社会が直面する大きな問題の解決に使うこともできる。あるいは、ハイファーマンが言うように、上手に屁をこくアプリの作成に使うこともできる。もちろん、どちらをしてもかまわない。ただ、都合がよいときだけ優れたよい会社だと主張し、都合が悪くなると砂糖水を売っているだけだと言うように二股をかけるのは不誠実だ。

市民が十分な情報をもって活発に活動できるようにすること、自分たちの生活だけでなく、コミュニティや社会をもうまく動かせるようなツールを人々の手に渡すことは、エンジニアリング的な観点からもとても重要で魅力的な課題だと思う。この課題の解決は、膨大な技術的スキルと人間性の深い理解が必要とされる偉業である。そのためには、グーグルの有名なスローガン、「邪悪になるな」の先をゆくプログラマーが必要だ。善を為すエンジニアが必要なのだ。

ぐずぐずしている暇はない。パーソナライゼーションがいまのまま進行すれば、次の章で検討するように、社会は我々の想像をこえてどんどんおかしくなり、さまざまな問題が噴出するようになるからだ。

第七章
望まれるモノを
——望むと望まざるとにかかわらず

何百万もの人々が複雑なことをしていれば、それについて事細かに計算処理すべきことが、常に、山のように存在する。[1]

——コンピューター処理のパイオニア、ヴァネヴァー・ブッシュ（１９４５年）

データの収集は最後まで到達した。これ以上、収集すべきものはない。しかし、収集したデータのすべてについて相関をとり、考えられるかぎりの形で組み合わせる作業が残っている。[2]

——アイザック・アシモフのショートストーリー、『最後の質問』

先日、フェイスブックで知らない名前の人から友達リクエストをもらった。ぱっちりした目と長いまつげが印象的なふっくらした女性だ。誰だろうと思ってクリックし（白状すると、もう少しよく見てみたいとも思った）、彼女のプロフィールを読んでみた。それでも誰なのかよくわからなかったが、もしかすると知り合いかもと思うようなプロフィールではあった。興味関心に共通するものがあったのだ。

ふと、彼女の目が気になった。ちょっと大きすぎないか？

よく見ると、プロフィールの画像は写真でさえなかった。3Dグラフィックスのプログラムがレンダリングで生成したものだ。実在の人物ではない。魅力的な友達候補はソフトウェアによる虚構の人物で、友達のつながりをたどってフェイスブックのユーザーからデータを収集するためのものだった。好きな映画や本としてあげられているものも、彼女の「友達」のリストからパクってきたもののようだ。

こういうものを示す言葉はまだないので、ここでは「アドバター」と呼ぶことにしよう。商業的な目的をもつバーチャルな存在《アバター》という意味だ。フィルターバブルの膜が厚く、侵入しにくくなりつつあるが、アドバターは、その状況に適応できる強力な戦略となりうる。自分のコードと友達からのみニュースを得る人の注意を引くには、コードを友達として送りこむのが一番簡単だろう。

パーソナライゼーションの技術は、今後、どんどんパワフルになってゆく。個人的な信号やデータストリームを拾いあつめるセンサーは、生活のさまざまな面において増えてゆく。グーグルやアマゾンを支えるサーバーファームはどんどん大きく、そのなかにあるプロセッサーはどんどん小さくなり、その処理能力を使って我々の好みや我々の内面的な精神生活についてさえ正確に推測できるようになってゆく。パーソナライズされた「拡張現実」技術により、デジタルな世界における体験だけでなく、現実世界における体験にも仮想の現実が重ねて投影されるようになる。ニコラス・ネグロポンテのインテリジェントなエージェントさえも再登場するかもしれない。伝説的なプログラマーでサン・マイクロシステムズの創設にも参画したビル・ジョイは、こう語る。「市場は強力です。どこかにさっと連れて行かれてしまいます。そして、市場に連れて行かれた場所が自分の行きたいところでなかった場合が問題なわけです」[3]

2002年公開のSF映画『マイノリティ・リポート』では、道を歩く人にパーソナライズされたホログラムの広告が話しかけるシーンがある。このようにパーソナライズされた世界初の屋外広告板が東京のNEC本社ビルに設置されている（いまはまだホログラムに対応していないが）。この背景にあるのはパネルディレクターというNECのソフトウェアだ。1万人分の写真が収められたデータベースと顔のスキャン結果から通行人の年齢と性別を判断し、たとえば若い女性が前にいると判断すれば、そういう人物に適した広告を提示する。同じようなことをIBMもおこなっている。離れたところから読みとれるIDカードを使い、通りがかった人の名前を呼んであいさつするのだ。[4]

テキストの断片と引用だけで構成された『リアリティ・ハンガー』という本がある。最近増えている「どんどん大きな『現実』をばらして作品に組みこんでゆく」アーティストのムーブメントを示したデイヴィッド・シールズのエッセイだ。『ブレア・ウィッチ・プロジェクト』、『ボラット　栄光ナル国家カザフスタンのためのアメリカ文化学習』、『ラリーのミッドライフ★クライシス』、カラオケ、VH1の『ビハインド・ザ・ミュージック』、パブリックアクセステレビ、『ザ・エミネム・ショウ』、『ザ・デイリー・ショー』、ドキュメンタリー、そしてドキュメンタリータッチの虚構であるモキュメンタリーと、さまざまなものが取りあげられている。このような断片こそが、いま、もっとも活力のある芸術であり、「意図的な非芸術性」と「フィクションとノンフィクションの境界を（見えなくなるほど）あやふやにすること――現実の魅力と不分明」を特徴とする新しい形式を構成するものだ、真実だと思えることこそが芸術の未来だとシールズは言う。[5]

芸術だけではなく、技術もそうだ。現実《リアル》と仮想《バーチャル》がおかしな感じに混然一体となったものが、パーソナライゼーションの未来――そして、コンピューター処理自体の未来――になるだろう。この未来においては、都市が、寝室が、両者のあいだにあるすべての空間が、いわゆる「環境知能」を持つようになる。この未来においては、好みや気分に応じて周囲の環境が変化する。この未来においては、現実をねじまげる形のパワフルな広告で製品が突きつけられるだろう。

言い換えると、たとえコンピューターの前から離れてもフィルターバブルが消えない時代に入りつつある。

ゲイダーを持つロボット

スタンフォード法学部のライアン・カロ教授はロボットについてよく考えているが、それはサイボーグやアンドロイドの未来についてではない。彼が興味を持っているのは、市販されている自動掃除機、ルンバである。ルンバは、持ち主がペットのように名前をつけることが多い。小さな体でウィーン、ウィーンと部屋のなかをいったりきたりする様子を見るとうれしくなるらしい。ルンバには感情に訴えるものがあり、親しみを感じたりするのだ。今後はこのような消費者家電製品が増えるだろう。

人を感じるマシンが日常生活にはいってくると、パーソナライゼーションとプライバシーに関して新たなジレンマが生じる。「人らしさ」が引きだす感情は、それが仮想（アドバター）によるものでも現実（人を感じるロボット）であってもとてもパワフルだ。そして、人と同じようにマシンに情緒的なつながりを感じるようになると、直接であれば絶対に教えないような情報を明かしてしまうおそれがある。

人の言動は、人間に似た顔があると公共の場にいるときの言動に近くなる。中国が試験的に導入したインターネット警察のキャラクター、警警《ジンジン》と察察《チャチャ》はこの力を活用する例だ。カロも指摘しているように、人は、バーチャルなエージェントにいろいろとたずねられた場合のほうが、書類を記入する場合よりも個人情報を出すことに抵抗を感じる。[6] インテリジェントなエージェントが一時期はやったもののうまく行かなかった背景には、こういう理由もあった。無機質なマシンに自分だけがはいってゆくと感じてもらったほうが、人に教えるように感じさせるよりも簡単に個人情報が引きだせるのだ。

一方、お金を寄付するか自分の手元に置くかを選べるゲームを被験者にしてもらうという研究をハーバード大学のテレンス・バーンハムとブライアン・ヘアがおこなったところ、人なつっこい感じのロボット、キズメットの絵を見せると寄付が30％増加した。[7] 人間に似たエージェントを相手にすると個人情報を出したがらないのは、近くに人がいるような気分になるからだ。逆に言えば、一人暮らしの老人や入院している子どもなどは、バーチャルあるいはロボットを友達として寂しさや退屈をまぎらわすことができるだろう。

ここまではすべてよい話だ。しかし、人間に似たエージェントは我々の言動に強い影響を与える力を持ちうる。「礼儀正しいなど、ある種の性格を示すようにコンピューターをプログラムすると、礼儀正しい言動をするか、受けいれるかといった被験者側の反応が大きく変化した」とカロは書いている。[8] このような形で人と接すると、本人がかくしておきたいと思う情報さえも引きだせる場合がある。たとえばセクシーなロボットなら、視線や体などの無意識の動きをヒントに相手の性格を判断できたりするかもしれない。

ここで問題となるのは、カロが言うように、ソフトウェアもハードウェアも人間に似ているだけで本当は人間ではないと忘れずにいるのは困難という点だ。アドバターやロボットアシスタントはオンラインに存在する個人情報のすべてにアクセスすることが可能で、親友よりも詳しく、正確に我々について知っている可能性がある。説得や性格のプロファイリングがもっと進化すれば、我々の言動を少しずつ変化させる方法も進化するだろう。

だからアドバターなのだ。注意力が貴重となる世界では、生きているような信号、特に人間とまちがうような信号は異彩を放つ。人はそのようなものに注意を払うようにできているからだ。無視するのは、自分の名前を呼ぶ魅力的な人より看板のほうが簡単だ。だから、ソーシャルな世界に人型広告を導入する技術への投資が進むことも考えられる。フェイスブックで友達となった魅力的な男性や女性が実はポテトチップの広告だった、などということが本当に起きる世界になるかもしれない。

「人は20世紀の技術へと進化してきたわけではない。人のみが豊かな社会的行動をとる世界、認知した物体がすべて物理的実体を持つ現実の物体である世界において、人の脳が進化してきたのだ」とカロは言うが、[9] その状況は、いま、大きく変わろうとしている。

すでに未来はここにある

パーソナライゼーションの未来は簡単な経済的計算で導くことができる。我々の個人的言動に関する信号とその信号の処理に必要となるコンピューターの処理能力はどんどん安価になっている。こうしてコストが極端にさがると、いろいろとおかしなことまで現実となる可能性がでてくる。

顔認識について考えてみよう。マサチューセッツ州ブロックトンの警察は、MORISという3000ドルのiPhoneアプリを使い、被疑者の写真を撮って数秒で身元と犯罪歴を確認できるようにした。[10] グーグルの写真管理ツール、ピカサ（Picasa）では、数枚の写真にタグをつけるだけで、さまざまな写真のどれに誰が写っているのかを判別してくれる。グーグルがウェブから集めた写真についても同じことが可能だ。同社CEOのエリック・シュミットは、テコノミー会議2010に集まったテクノロジストを前に「写真を14枚いただければ、その人が写っているかどうかを95％の精度で判別できます」と語った。[11]

しかしこの機能は、2010年末現在、まだグーグル画像検索に実装されていない。このサービスを提供するのは、検索の巨人グーグルよりイスラエルの新興企業フェイス・ドット・コム（Face.com）のほうが早いかもしれない。便利で世界を変えるほどの力をもつ技術を開発したのに、他社に先を譲るというのはそうそうあることではない。しかし、慎重にならざるをえない理由がグーグルにはある。顔から検索が可能になると、プライバシーや匿名性について我々が文化的に抱いている幻想の多くが壊れてしまうのだ。

皆、現行犯で捕まるようになる。誰かに撮ってもらったあなたの写真を友達（や敵）がみつけやすくなるというだけのことではなく、タグがついてインターネット全体がフェイスブックになるようなものだ。誰かが誰かの写真を撮ったとき、たまたま近くを通っていたりたまたまそこでたばこを吸っていたりで写ってしまった写真まで、すべてみつけられるようになってしまう。

このデータ処理ができるようになれば、あとは簡単だ。恋人の浮気相手ではないかと思う研修生と恋人のふたりが写っている写真を探すことも簡単なら、部下とその部下をひき抜こうとしている他社役員のふたりが写っている写真を探すことも簡単だ。一緒に写る頻度からフェイスブックのようなソーシャルグラフをつくるなど、朝飯前だ。匿名の出会い系サイトに写真を投稿した同僚をチェックする。同僚のヌード写真を探しだす。新しい友達が、昔、麻薬をやっていたころにどんな風だったかをチェックする。証人保護プログラムで守られているはずの悪人をみつける。極秘に活動しているスパイをみつける。使い方は無限にある。

もちろん、顔認識には膨大な処理能力が必要とされる。ピカサもゆっくりとしか進まず、わたしのノートパソコンでは数分間も処理が続いた。だから、当分のあいだ、ウェブ全体に適用するのはコスト的に無理だろう。しかし、顔認識にはムーアの法則という味方がいる。これはコンピューターの世界における最強クラスの法則で、１ドルあたりの処理速度は1年ごとに2倍、つまり処理コストは半分になるというものだ。だからいつかそのうち、大規模な顔認識が――セキュリティカメラや動画の映像からの認識を可能にするリアルタイム処理でさえも――実用化される日がくるだろう。

顔認識が特に問題なのは、ある意味、プライバシーを途切れさせてしまうからだ。我々は、公共の場にある程度の匿名性があると考えている。クラブや道で知り合いに会うことは基本的に珍しい。しかし、セキュリティカメラやカメラ付き携帯の写真を顔から検索できるようになると、この前提が崩れてしまう。お店の入口や通路にカメラを向けておけば、どの客がどこへゆき、なにを手にしたのかをすべて把握できる。これを、アクシオムのような企業が集めたデータと組み合わせたらどうなるだろうか。ビットストリームのどこに顔が登場したのかからどこでなにをしたのかを把握すれば、このパワフルなデータから、一人ひとりにぴったりと合わせた体験を提供できるようになるだろう。

追跡しやすくなるのは人だけではない。物体もだ。これを一部の研究者は「モノのインターネット」と呼んでいる。

「すでに未来はここにある。ただ、あまり均一に分散していないだけだ」とSF作家のウィリアム・ギブスンが言っているが、[12] そのとおりなのだ。未来は一部に先行して見られる。そのような場所のひとつが、なんと、イスラエルにある遊園地コカ・コーラ・ビレッジで定期的におこなわれるマーケティングイベントだ。フェイスブックとコカ・コーラ社がスポンサーとなった2010年夏のイベントでは、参加したティーンエージャーに小さな回路が埋めこまれたブレスレットが配られた。このブレスレットがあれば現実世界の物体に「いいね！」ができるのだ。乗り物の入口にこのブレスレットをかざすとステータスアップデートがおこなわれ、乗ろうとしているところだとフェイスブックのアカウントに表示される。特殊なカメラで友達の写真をとり、ブレスレットをかざせば、それだけで自分のタグがついた写真を投稿できる。[13]

ブレスレットに埋めこまれているのはＲＦＩＤと呼ばれる小さなチップだ。電源不要のチップで、呼べば応えるという形で利用する。無線で電力を供給するとチップからＩＤコードが返ってくるのだ。このコードをたとえばフェイスブックのアカウントにつなげば、前述のような処理が可能になるわけだ。このチップは1個7セントといまでも低コストだが、今後はさらに安くなってゆくものと期待されている。

ＲＦＩＤチップの登場で、製造するモノを地球規模で個別に追跡できるようになった。自動車の部品一つひとつにチップを取りつければ、その部品が工場に運ばれて自動車に組みこまれ、ショールームに展示されて誰かのガレージにはいるところまで逐一追跡できる。棚卸減耗がおきることもなくなるし、どこかひとつの工場でおきた問題から該当モデルの全車をリコールする必要もなくなる。

RFIDはまた、家庭内に存在するものすべてを自動的に把握する枠組みともなりうる。どれがどの部屋にあるのかを追跡することも可能だ。信号強度さえ十分に確保できれば、鍵の紛失という問題と永久におさらばすることもできるだろうし、「グーグルがウェブをインデックス化して整理したように、一貫したやり方できれいに現実世界をインデックス化して整理するというすばらしい未来[14]」とフォーブス誌記者のリーハン・サラムが言う世界をもたらしてくれる可能性もある。

これが環境知能と呼ばれるものだ。基本的な考えはごくシンプルである。なにを持っており、それをどこに置き、それでなにをするのかといったことは、要するに、あなたがどういう人物でどういう好みを持っているのかを示す強烈な信号なのだ。デビッド・ライトら環境知能の専門家がこう書いている。「近い将来、服やお金、家電製品、壁の絵、床のカーペット、自動車など、人間がつくる製品のすべてに対し、超小型のセンサーや作動装置がネットワーク化された形の知能が埋めこまれるようになるだろう。それを『スマートダスト』と呼ぶ人もいる[15]」

そしてもうひとつ、コストがどんどん下がっている第3のパワフルな信号がある。1990年、DNAの塩基配列を1組決定するのには10ドルほどの費用がかかった。それが1999年には90セントに下がり、2004年には1セントを切って、本書を執筆している2010年現在は0・01セントである。本書が刊行されるころには、まちがいなくもっと下がっている。もうあと数年もしたら、ハンバーガー1個分以下のコストでヒトゲノム全体の配列を決定できるようになるだろう。

こう言うと映画『ガタカ』の話かと思われそうだが、このデータとプロフィールの組み合わせは魅力的だ。DNAがすべてを決めているわけではなく、他の細胞情報やホルモン、環境なども大きな影響を与えることがあきらかになりつつあるが、それでも、遺伝情報と言動のあいだにさまざまな相関関係があるのはまちがいがない。健康上の問題を高い精度で予測し、回避できるというだけではない（それだけでも十分に魅力的だが）。iPhoneの位置情報やフェイスブックのステータスアップデートに書かれた内容などの行動データとDNAを組み合わせれば、社会全体について統計的回帰分析をおこなうことも可能だ。

このようなデータには誰も知らないパターンが隠れている。そのパターンを適切に掘りおこせれば、フィルタリング精度を想像できないほどのレベルまで高められる。客観的な体験のほとんどすべてが定量化され、捕捉され、その情報が環境に提供される世界になるのだ。そのとき問題となるのは、膨大なデジタルデータの流れに対して適切な問いを投げられるか否かだろう。そしてそのような問いは、今後、コードが発するようになってゆく。

理論の終焉

２０１０年12月、ハーバード、グーグル、『ブリタニカ百科事典』、『アメリカン・ヘリテージ英英辞典』が４年にわたる共同研究の成果を発表した。[16] 英語、フランス語、中国語、ドイツ語などで５００年間に出版された総計５２０万冊もの本、すべての内容をデータベース化したのだ。このグーグルのＮグラム閲覧ページ（Ngram Viewer）から検索すると、新語として登場してから死語となって忘れられるまで、ある表現が使われる頻度が時間とともにどう変化したのかを見ることができる。「人間性を定量的に測定」できる、つまり文化的な変化を科学的にマッピングし、計測する研究がおこなえる可能性もある。

研究はまだ始まったばかりだが、このツールがパワフルなのはあきらかだ。こうして過去を参照すると「人類が過去を忘れるスピードは年ごとにあがっている」ことがわかるという。また、ある種のアイデアやフレーズが統計的に異常なほど欠落している国や言語も確認可能で「検閲やプロパガンダを自動的に発見するパワフルなツール」にもなるという。[17] たとえば「レオン・トロツキー」という名前は、20世紀半ば、英語やフランス語の本よりはるかに少ない回数しかロシア語の本には登場しない。

このプロジェクトは普通の人にとっても興味深いものだろうし、研究者にとってはすばらしいサービスである。しかし、グーグルの意図が学術的なものだけとはとうてい思えない。「あらゆるものを理解できる」マシン、人によっては人工知能と呼ぶようなものをつくりたいというラリー・ページの言葉を紹介したが、グーグルはデータを鍵として知能を生みだそうとしている。500万冊分のデジタルデータというのはかなりの量のデータだと言えるはずだ。人工知能を育てたいなら十分な餌が必要となるのは当たり前だろう。

これがどういうことなのかはグーグル翻訳を見ればわかるだろう。グーグル翻訳は、60近い言語についてそれなりの翻訳を出力してくれる。[18]この背景には巨大な優れた辞書があるはずと思うだろうが、実はそのようなものは存在しない。翻訳は確率論的な方法でおこなわれる。どの単語とどの単語が組み合わせて使われることが多いのかを把握するソフトウェアをつくり、複数言語の膨大なデータを食べさせてソフトウェアを育てたのだ。食べさせたデータの相当部分を占めたのが特許と商標の登録データだった。言語が違っても同じことを表現している、公開されている、さまざまな言語で登録する必要があるなど、便利な点が多々あったからだ。英語とフランス語の特許公報、数十万件を処理した結果、英語で「ｗｏｒｄ」という単語が登場したらフランス語側では「ｍｏｔ」という単語が登場する可能性が高いと判断できるようになった。今後は、グーグル翻訳に対するユーザーの修正を活用し、翻訳精度を高めてゆくという。[19]

外国語についてグーグル翻訳がしているのと同じことを、グーグルはすべてについておこなおうと考えている。共同創立者のサーゲイ・ブリンは、その遺伝子となるデータを徹底的に調べたいとしている。そのために、グーグルボイスでは、百万分単位で人の発話を収集している。ここから次世代の音声認識ソフトウェアをつくろうというのだ。グーグルリサーチでは世界の学術論文を収集している。そして、グーグルを検索に使うユーザーからは、毎日、十億単位で検索語を集めている。これも文化情報の豊富な鉱脈である。全人類のデータをすべて吸いあげ、それを使って人工知能をつくろうと考えたとき、グーグル以上に上手にやるのは難しいだろう。

グーグルの脳はまだ原始的だが、これが高度化すると驚くような可能性がひらける。翻訳に時間をかけることなくインドネシアの研究者がスタンフォード大学の最新論文を読める（逆も可能）。ほんの数年もしたら音声通話の自動通訳が可能になり、異なる言語を話す人同士で会話ができるようになるかもしれない。異文化コミュニケーションと異文化理解に新しいチャンネルが登場するわけだ。

しかし、このシステムが「インテリジェント」になると制御も理解も難しくなる。システムが命をもつようになるという表現は正しくない——どこまで行ってもコードにすぎないからだ。ただあまりに複雑で、システムを開発した人々でさえその出力を説明できなくなるのだ。

グーグルの検索アルゴリズムは、すでにある程度、この段階にはいっている。開発者から見てもアルゴリズムの動作に不思議な面があるのだ。検索技術の専門家、ダニー・サリバンはこう語ってくれた。「仕組みを教えてもらったとしても理解などできませんよ。使用している200種類の信号を教えてもらい、どういうコードなのかを説明してもらっても、結局、なにがどうなるのかわかるものではありません[20]」。グーグル検索の核となるエンジンは何十万行ものコードである。「検索チームはあちこちいじって調整していますが、どうしたらいいのか、なぜそうなるのか、本当にはわかっていません。ただ、結果を見ているだけです」と語ってくれたグーグル社員もいる。

自社製品を優遇するズルはしないとグーグルは言うが、システムが複雑に、また「インテリジェント」になるといろいろと難しくなる。人間の脳のどこに偏見や問題が存在するのか、位置を特定するのは不可能に近い。ニューロンもその接合部も数があまりに多く、機能がおかしくなった場所を絞りこめないのだ。そして、グーグルのようにインテリジェントなシステムに対する依存度があがると、システムの不透明性から大きな問題が起きる可能性もある。２０１０年５月６日、プログラム取引によると見られる「フラッシュクラッシュ」が発生し、数分間でダウが６００ポイントも急落したように。[21]

ワイアードのクリス・アンダーソン編集長は、巨大なデータベースの出現によって科学的理論は廃れるという記事を書き、[22]大きな議論を巻きおこした。兆単位ものビットをさっと解析し、まとまりや相関関係をみつけられるようになれば、時間をかけて人間の言語について仮説を構築する必要はないというのだ。論拠としてアンダーソンは、グーグル研究部門のディレクター、ピーター・ノーヴィグの言葉を引用した――「モデルにはかならずまちがいがあります。同時に、モデルなしで処理できることが増えています」。このアプローチについてはいろいろと議論があるはずだが、少なくとも、マイナスの側面を忘れてはならないだろう。マシンはモデルなしで結果を出せるかもしれないが、人間はモデルなしでは理解ができない。我々の暮らしに関わるプロセスを人間に理解可能な形とすることには意義があるのだ。少なくとも理論的には人が受益者なのだから。

スーパーコンピューターを発明したダニー・ヒリスは、昔、最大の技術的成果は人間の理解を超えるモノを生みだすことを可能にするツールだと語った。[23] そのとおりだが、それは同時に人類最大の災厄の源でもある。パーソナライゼーションを推進するコードが人間の複雑な認知プロセスに似れば似るほど、なぜ、またはどのような経緯でそのような結論となったのかを理解するのは困難になる。ある種の集団や社会階層の人をある種の情報にアクセスできないようにされた場合、ルールの記述が単純であれば簡単に発見できる。しかし、同じことがグローバルなスーパーコンピューターのなかで山のような相関関係から導きだされた場合、発見は困難になる。そしてその結果、そのようなシステムやシステムの提供者に対し、その行動の責任を問うことは難しくなる。

仮想世界でもタダのランチはありえない

2009年1月、25局あるメキシコのラジオからは、アコーディオンによる「エル・マス・グランデ・エネミーゴ」がよく流れていた。曲はポルカっぽい明るい感じだが歌詞は悲劇的だ。国境を不法に越えて移住しようとした男がその斡旋《あっせん》をした組織に裏切られ、焼けつくような砂漠に置き去りにされて死ぬのだ。『ミグラ・コリドス』には、このほかにも同じ話からとった歌がある。

国境を越えようと
車の荷台にのりこむ
わたしと同じ悲嘆を抱えた
40人の移民とともに
知らなかったのだ
それが地獄への旅立ちだということを

国境を越えることの危険があまりぼかされていない歌詞に思えるが、それは、そう意図されているからだ。『ミグラ・コリドス』は米国境警備隊の委託を受けた業者がプロデュースしたもので、不法移民を減らすキャンペーンの一環としてつくられた歌なのだ。「広告主提供メディア（ＡＦＭ）」と微妙な呼び方をされるもので、最近、このタイプのマーケティングが増えている。[24]
出演者に特定の製品を使わせるプロダクトプレイスメントという手法がいままで何十年も盛ん

におこなわれてきたが、ＡＦＭはその一歩先をゆく方法である。プロダクトプレイスメントが人気となったのは、視聴者の注意を引くこと、特に広告に注意を引くことがどんどん困難になるメディア環境において、その抜け道となりうるからだ。広告と異なり、プロダクトプレイスメントは飛ばすわけにいかない。飛ばせば、コンテンツ自体も飛ばすことになるからだ。プロダクトプレイスメントの論理を拡張すれば自然とＡＦＭに行きつく。メディアというのは、ずっと、製品を売る媒体として機能してきた。であれば、仲介者をなくし、製品メーカーがコンテンツを直接つくってもいいんじゃないかというわけだ。

２０１０年、ウォルマートとプロクター・アンド・ギャンブルが協力し、家族連れを狙った映画、『山の秘密』と『ジェンセン・プロジェクト』を制作すると発表した。いずれも、登場人物が両社のさまざまな製品を使うストーリーとなっている。[25]『トランスフォーマー』のマイケル・ベイ監督も「ブランド科学と優れた物語が出会う場所」を売りとする会社、ジ・インスティテュート（the Institute）を興した。ジ・インスティテュート初の長篇映画『ヘンゼルとグレーテル３Ｄ』は、プロダクトプレイスメントがいたるところに仕掛けられている。[26]

いまは映画業界よりもビデオゲーム業界のほうがお金になることから、最近は、ゲームにおいても広告やプロダクトプレイスメントがおこなわれるようになった。たとえばマイクロソフトが２億ドルから４億ドルで買収したと言われるマッシブ（Massive）という会社があるが、ここはゲーム広告のプラットフォームで、シンギュラーやマクドナルドなどの広告をゲーム世界の広告板や都市の壁などに掲示するだけでなく、各ユーザーがどの広告をどれくらいの時間、見たのかを追跡することまでできる。ユービーアイソフト（UBIsoft）制作のゲーム『スプリンターセル』では、キャラクターたちが旅する都市の風景にアクセ・デオドラントなどの製品を組みこむ形でプロダクトプレイスメントがおこなわれている。

書籍も例外ではない。2006年9月発行のヤングアダルト小説、『キャシーの本』には、ヒロインが「リップスリックス・イン・デアリングで魅惑の唇にする」シーンがある。この本の出版にリップスリックスの親会社、プロクター・アンド・ギャンブルがかかわっていたのは偶然ではない[27]。

今後もプロダクトプレイスメントと広告主提供メディアが伸びてゆくのであれば、パーソナライゼーションと絡まないわけがないだろう。廉価ブランドのオールドネイビーで服を買うタイプの人間がコントローラーを握っているのに、高級百貨店のメイシーズで追撃戦をおこなうゲームにしても仕方がない。ソフトウェアエンジニアが言うアーキテクチャーは、普通、比喩的な意味である。しかし、パーソナライズが可能な仮想空間ですごす時間が増えていることを考えれば、その世界自体をユーザーの好みに合わせて作りかえてしまってもかまわないはずだ。いや、この場合、広告主の好みに合わせて、と言うべきか。

変わる世界

心拍数から音楽のチョイスまであらゆるものを測定したデータの流れと心理学的モデルとを組みあわせると、オンラインのパーソナライゼーションは新たな局面を迎える。そのとき、どの製品やニュースクリップを選択するかが変わるだけでなく、製品やニュースクリップが表示されるサイトのルック&フィールも変わる。

見る人や訪れた客が異なるとき、ウェブサイトが常に一定であるべき理由などあるだろうか？人によって反応が異なるのは製品だけではなく、デザインや色もそうだし、場合によっては製品の説明方法さえもそうだ。たとえば同じウォルマートのウェブサイトでも、一部の顧客には丸みを帯びたデザインと暖かなパステルカラーのほうが受けるし、別の人にはミニマリスト的なデザインのほうがいいといったことがあるはずだ。そしてもし、こういう対応が可能なのであれば、ひとりに対してひとつのデザインだけとしなければならない理由もないだろう。腹をたてているときと幸せな気分のときでは、ウォルマートブランドの異なる側面を提示したほうがいいということさえあるはずだ。

これは遠い未来の夢物語ではない。このような技術の基礎はすでにできている。MITビジネススクールのジョン・ハウザーらがつくったウェブサイトモーフィングという手法で、この手法を活用すると、ユーザーのクリックを分析してどのような形でどのような情報を提示するのがもっとも有効なのかを推測し、そのユーザーの認知スタイルに適したレイアウトに変更することができる。モーフィングに対応すると「購買意欲」を21％高められるとハウザーは推算している。小売業界全体では10億ドル単位の価値があるわけだ。消費財の販売からスタートしたからといって、その手法をほかに応用できないわけではない。ニュースやエンターテイメントのサイトにもモーフィングは大きなメリットをもたらすはずだ。[28]

モーフィングが普及するとウェブがもっと気楽な空間になる。我々が提供するデータをもとに、どのウェブサイトも古くからの友達のような感じになるからだ。しかし、これは同時に、知らないうちに環境が自らどんどん変化するという、わけのわからない夢のような世界の始まりともなる。そして、その夢の外にいる人々、つまり自分以外の人と共有することがどんどん難しくなってゆく――本当の夢を他人と共有するのが難しいように。

ここに拡張現実が追加されれば、オフラインの体験があとに続くことになるだろう。

レイセオン・アビオニクス（Raytheon Avionics）のマネージャー、トッド・ローベルは取材にこう答えている。「近代戦において、データは、普通の人が扱えるレベルをはるかに超えています。すべてに目を通し、一つひとつのビットまで読もうとしても理解するなど不可能です。だから、そのデータすべてを処理し、パイロットがさっと認識して対応できる有益な情報へと変換することがいまの技術には求められているのです」[29]。オンライン情報に対してグーグルがしているのと同じことを、ローベルのスコーピオンプロジェクトは現実世界についておこなおうとしているのだ。

スコーピオンの表示デバイスでは、片目の前に単眼鏡のようなものを置き、ジェットパイロットがリアルタイムに見ているものを補足する情報を提示する。脅威可能性をカラーコードで示すほか、航空機のどこがいつミサイルからロックされたのかをハイライトで表示する、ナイトビジョンを提供する、マイクロ秒が生死を分ける環境でダッシュボードを見る必要性を減らすなどがおこなえるのだ。「これを付けると、世界全体がディスプレイになったように感じるのです」とパイロットのポール・マンチーニもAP通信に語っている。[30]

このような拡張現実技術がジェット機のコクピットから消費者家電製品へ急速に広まり、日常生活のノイズは減らして必要な信号は得られるようになりつつある。iPhoneのカメラとイエルプが開発したレストランの口コミサービスアプリを使えば、目の前にあるレストランで食べた人たちの評価を店の前で確認できる。最新式のノイズキャンセリングヘッドフォンは道路や機内の騒音をささやきくらいに抑えつつ、人の声だけ大きくすることができる。メドーランズフットボールスタジアムでは、生でゲームを楽しむファンがリアルタイムにゲームを多面的に楽しめる設備を1億ドルで導入しようとしている。記録の数字を確認する、さまざまな角度からリプレイを楽しむなど、テレビのような情報体験を生のゲームに重ねるわけだ。[31]

米国防総省国防高等研究計画庁（DARPA）では、スコーピオンが古風に感じられるような技術の開発が進められている。2002年からDARPAは拡張認知またはAugCogと呼ぶ技術の研究をしている。認知神経科学と脳イメージングにより、どのようなルートで脳に情報を流すのがよいかをあきらかにしようというのだ。[32] ＡｕｇＣｏｇでは、人間が処理できるタスクの数には上限があり、しかも「この容量自体が、精神疲労、新規性、退屈、ストレスなどさまざまな要因によって変化する」ことを前提とする。

記憶や意思決定など、脳のどの領域に負担がかかっているのかを監視し、どのような形で提示すれば重要性の高い情報が吸収されるのかをＡｕｇＣｏｇは判断する。視覚情報を限界まで吸収しているなら音声で警告したりするのだ。エコノミスト誌によると、ＡｕｇＣｏｇにより被験者の記憶再生能力は１００％増、ワーキングメモリーは５００％増になるとのトライアル結果が得られたという。[33] さすがに当分は実用化されないだろうと思う人には、インターネットの立ち上げにもＤＡＲＰＡが関与していたことだけ指摘しておこう。

拡張現実はいまどんどん進んでいる領域であり、すでに、商業化が可能な方法だけで少なくとも16種類はあるとオーストラリアにいるパーソナライゼーションと拡張現実の専門家、ゲイリー・ヘイズは言う。[34] そのひとつが拡張現実ツアー。ビル、博物館の展示品、道路などに関する情報が環境に重なるように表示されるものだ。欲しいと思った製品があれば、携帯電話のアプリを使い、ほかならいくらで買えるのかを瞬時にチェックできる（ベーシックなサービスならアマゾンが提供している）。現実世界の環境に道しるべを重ねて拡張現実ゲームとすることもできる。

拡張現実の技術は新たな価値を生むものだが、同時に、消費者の注意を引く新しいタイプの広告も生みだす。デジタル放送となり、フットボールの競技場に企業ロゴを重ねて中継の映像を流して広告料を徴収するといったことも始まっている。拡張現実なら現実世界において同じことがおこなえる、しかも、パーソナライズした形でおこなえるのだ。たとえば人込みで友達をみつけるためにアプリを起動すると、自分の顔と名前がでかでかと書かれたコークの巨大な広告が近くのビルに投影されるといった具合だ。

見るモノ、聞くモノに対するパーソナライズドフィルタリングとたとえば顔認識を組み合わせると、とても興味深いことができるようになる。情報だけでなく、人をフィルタリングできるようになるのだ。

人のフィルタリングについて考えつづけているのが、トップクラスの人気を誇る出会い系サイト、ＯＫキューピッドの共同創立者、クリス・コインだ。まじめでエネルギッシュ、考え事をしていると眉間に深いしわが寄り、わかりやすく説明しようとすると手が大きく動く——コインとはそんな人物だ。もともと数学が専門だったこともあり、アルゴリズムをどう使えば人が直面する問題を解消できるのかに興味をもっている。[35]

彼は、ニューヨークのコリアタウンでビビンバを食べながらいろいろな話をしてくれた。数学というのはさまざまな形で金儲けが可能で、友達の多くはヘッジファンドで高給を取っている。でも、自分は数学で人を幸せにしたいと思い、そのためには恋をする手伝いが一番だと思いついたのだそうだ。

学生時代からの友人、サム・イェーガーとマックス・クローンとともにさまざまな出会い系サイトをチェックしたが、見て歩けば歩くほどいらいらするばかりだった。恋人をみつける手助けより、サイト内の活動に使うクレジットを買わせることばかりを考えているのがあきらかなのだ。実際にクレジットを買ってプロフィールをゲットしても、もういなくなっていたりメールに返事ももらえなかったりすることが多い。

コインらは、この問題に数学的なアプローチを採用した。サービスは無料とする。万人向けのソリューションとするのではなく、膨大なコンピューター処理により、一人ひとりにパーソナライズできるマッチングアルゴリズムを開発。グーグルがクリックに最適化したように、ＯＫキューピッドは本当に対話が始まる可能性を最大化しようとさまざまな対策を講じた。ここさえクリアできれば利益はついてくるはずだと考えたのだ。恋人の検索エンジンをつくったと言ってもいいだろう。

ＯＫキューピッドに登録すると、まず、さまざまなことをたずねられる。神は信じていますか？　３Ｐをしたことがありますか？　たばこを吸う人は嫌いですか？　初めてのデートで最後までゆきますか？　性病持ちですか？（この質問にはいと答えると、別のサイトに送られる）。このような質問に答えると、同じ質問にどう答える人とデートしたいと思うか、また、各質問の重要度はどれくらいであるのかもたずねられる。この回答をもとに、ＯＫキューピッドは、ぴったりのお相手をみつける数式を構築する。そして自分の地域を検索すると、うまくゆく可能性をそのアルゴリズムで判断し、適切な相手を選んでくれる。ＯＫキューピッドにはパワフルなサーバーがたくさん用意されており、２００もの質問肢に基づくマッチングを1万人について処理しても０・1秒以内に結果を出してくれる。

このくらいの処理能力は必要だろう。ＯＫキューピッドはトラフィックが急増しているからだ。毎晩、何十万もの回答が寄せられる。毎日、何千人もユーザーが新規登録してくる。そして、システムはどんどん改良されている。

将来的には補助ディスプレイをつけて人々が歩くようになるとコインは言う。たとえば、夜、バーに飲みに行くと、店内にいる客の顔をカメラが自動的にスキャンし、ＯＫキューピッドのデータベースと照合する。「身につけたアクセサリーから、向こうの隅にいる娘がマッチ率88％だと教えてくれるんです。夢のような世界だと思いませんか？」

ウラジーミル・ナボコフは、「現実」とは「引用符なしではなんの意味もない言葉のひとつだ」と言う。[36] コインのビジョンは、近い将来、我々の「現実」となるのかもしれない。このビジョンには大きな可能性が秘められている。縫合をミスることのない外科医、非戦闘員を危険にさらすことのない兵士、そして、あらゆる場所に情報が満ちた高密度情報世界。しかし、危険も内包している。拡張現実が普及すれば、経験論が信じられた時代が終わる。我々が見てきた世界が終わる。そして、変幻自在でおかしな世界が始まる。現実世界がフィルターバブルとなり、そこからの逃亡はどんどん難しくなる。

失われつつあるコントロール

すべてをパーソナライズした未来を愛する声が世の中にはあふれている。掃除機から電球、額縁にいたるまで、さまざまなスマートデバイスが登場し、どこにいても環境を望むがままにしてくれる世界になろうとしている。近い将来、室内照明の好みも個別に設定できるようになるのではないかと、環境知能の専門家、デビッド・ライトは考えている。複数の人がいる場合は重みをつけてホストを重視した平均を自動的に算出すればいい。

重要だと思うデータストリームはＡｕｇＣｏｇ対応機器が示してくれる。火災や救急などの緊急事態も、我々が注意をふりむけるまでＡｕｇＣｏｇ対応機器が手を変え品を変えて提示してくれ、死なずにすむことが増えるだろう。さすがに脳波を読みとるＡｕｇＣｏｇは世間に受けいれられにくいかもしれないが、基本的にコンセプトが同じ製品ならすでに導入されている。たとえば、重要だと判断したメールをハイライト表示してくれるＧｍａｉｌの優先トレイなどだ。拡張現実フィルターが導入されれば、現実世界に重ねて補足情報を得たりハイパーリンクが利用できたりする。目で見る世界にさまざまな情報が追加されるので、仕事がやりやすくなったり情報をすばやく吸収できたり、優れた意思決定ができるようになったりする。

いずれもいい話だ。しかし、パーソナライゼーションは取引だ。利便性と引き換えにプライバシーと自律性の一部をマシンに渡すことになる。

個人情報は今後ますます貴重となり、第一章で紹介した行動データ市場は爆発的に拡大するだろう。好みの色がわかればあなたに5ドル多く買わせられると判断すれば、衣料品メーカーはそのデータに適切な値段をつけることができるし、他のウェブサイトも好みの色をたずねる理由を得る（OKキューピッドはどのようなビジネスモデルなのか公表していないが、ユーザーから得た何百もの回答をもとに、適切なユーザーをターゲットとした広告が打てることを売りにしているのではないかと思われる）。

このようなデータ収集のほとんどは合法だと思われるが、一部、非合法なものもある。データというのはグレーな市場活動にうってつけだ。どこで取得し、どこを経由してきたのかがわからなくてもいいからだ。ライトがデータロンダリングと呼ぶこのような行為はすでにおこなわれている。不審な方法で収集されたデータがスパイウェアやスパムの会社からブローカーへと販売され、そこから、大企業がマーケティングキャンペーンで使うデータベースへと流れているのだ。[37]

データをどのように変換するのかが不透明であり、自分について、誰がどういう目的でどのような決定をくだしたのかがよくわからないという問題もある。この問題は情報の流れについてもかなり重要であるが、人の感覚器官そのものに関与するケースではさらに重大な意味を持つ。

2000年にサン・マイクロシステムズの共同創立者、ビル・ジョイがワイアードに書いた

「未来が我々を必要としない理由」という記事がある。「社会も社会が直面する問題もどんどん複雑になり、また、マシンがどんどんインテリジェントになると、人々は、決定をマシンにゆだねることが増えるだろう。マシンに頼ったほうが、人が判断するよりもよい結果が得られるようになるからだ」[38]

そういうケースが多いかもしれない。マシンによるシステムは、たしかに大きな価値を提供してくれる。このような技術は世界を自由にコントロールできる力を我々に約束してくれる。気分に応じて変化する照明、会いたいと思う人としか会わずにすむスクリーンなどを提供し、いらぬ労力から我々を解放してくれるのだ。残念なのは、自由とコントロールを取りあげるという方法でこの自由とコントロールが提供される点だ。リモコンを操作したのにテレビのチャンネルが変わらなくても、まあ、いいだろう。しかし、そのリモコンが制御しているものが我々の暮らしそのものであれば話は別だ。

未来の技術は過去の技術と同じくらいうまく働くと考えるのが妥当だろう。つまり、十分に便利だが完璧ではない。バグがあるだろう。混乱やいらいらの原因になることもあるだろう。故障が発生し、このようなシステムを作ったこと自体、正しかったのだろうかと疑問に思う瞬間もあるだろう。そして、我々を支援するためにつくられたシステムが悪用されるかもしれないという心配もある。ベビーモニターをクラッキングして監視装置を掌握するハッカーや我々の視界に干渉する力をもった人物がいれば、我々は危険にさらされることになる。環境をコントロールする力が大きくなればなるほど、その力を掌握した人物は我々を自由にコントロールできるようになる。

だから、このようなシステムの基本的な仕組みを忘れてはならないのだ。自分の世界は自分がつくっているのではないということを。我々は、自らの欲求と市場が提供するものがバランスするところで暮らしている。その結果、健康で幸せな暮らしがおくれているという側面もあるのだが、我々の感覚器そのものを含むあらゆるものが商業化されるという側面もある。ユーザーが注目するまで手を変え品を変えて注意を喚起するＡｕｇＣｏｇ対応広告など、最悪以外のなにものでもないだろう。

ここで我々はジャロン・ラニアーの疑問に戻らなければならない。このような技術は誰のためのものなのだ？　歴史から判断するかぎり、我々が第一優先ではない可能性がある。今後、技術が改良され、我々の注意力をとらえる力が増してゆくものと思われるが、そのとき、注意力がどちらに導かれるのかを我々は注視する必要がある。

第八章
孤立集団の街からの逃亡

自分探しが可能となるには、数多くの価値体系が存在できると明白に認識され、尊重される社会的・文化的な環境が必要である。具体的には、多くの選択肢が提示され、自分という人間の特性についてあざむかれることがないようにしなければならない[1]。

——クリストファー・アレグザンダー他『パタン・ランゲージ——町・建物・施工　環境設計の手引』

理論的には、インターネットほどこの世界の理解と管理を我々の手にゆだねてくれるシステムはなかったと言える。しかし実際には、インターネットは異なる方向へ進んでいる。ワールドワイドウェブの生みの親、ティム・バーナーズ゠リーは、サイエンティフィック・アメリカン誌に「ウェブに長寿を」と題する記事を書き、この脅威の重大性を訴えた。[2]「我々が知るウェブは危険にさらされている……その成功を支えてきたものが根本的な部分から少しずつ崩れはじめている。巨大なソーシャルネットワーキングサイトが登場し、ユーザーから投稿された情報を囲いこんでウェブから隠しつつある……政府は、全体主義のところも民主主義のところも、人々がオンラインでなにをしているのかを監視し、大切な人権をおびやかしている。我々ウェブのユーザーがこのようなトレンドを放置し、進むに任せれば、ウェブはばらばらになり、細かな島がたくさんある状態になってしまう」

本書でわたしは、あらゆるところにフィルタリングが組みこまれるようになりつつあり、その結果、インターネットにおける体験が変わりつつある、また、最終的には世界自体が変わりつつあると訴えてきた。その原因は、ユーザーが誰で、なにを好み、なにを望むのかを判断する力を媒体が初めてもったからだ。コードによるパーソナライゼーションは常にジャストフィットとはかぎらないが、適切な広告を提示し、また、我々が読み、閲覧し、聞く内容を調整して利益をもたらせる程度には正確である。

その結果、インターネットは圧倒されるほど豊富な情報源や選択肢を提供してくれるというのに、我々は、フィルターバブルに包まれ、その大半を気づかずにすごしてしまう。インターネットは自らのアイデンティティを育て、さまざまなことをトライするチャンスを提供してくれるというのに、パーソナライゼーションという経済性の追求は個性を不変なものにしようとする。インターネットによって知識やコントロールが分散する可能性があるというのに、実際には、我々がなにを見てどういうチャンスを手にできるのかといった選択がかつてないほど少数の人の手に集中しつつある。

もちろん、パーソナライズドインターネットにもメリットがある。ほかの人たちと同じように、わたしもパンドラやネットフリックス、フェイスブックを楽しんでいる。情報ジャングルの探検をやりやすくしてくれたグーグルには感謝している（グーグルなしで本書は書きあげられなかった）。しかし、パーソナライゼーションへのシフトは基本的にユーザーから見えないところでおこなわれており、そのため、我々がコントロールできないという問題がある。人によって違うインターネットを見るようになりつつあることにさえ、我々は気づいていない。我々が誰であるのかインターネットは知っているかもしれないが、我々は誰だと思われているのかもわからないし、その情報がどう使われているのかもわからない。暮らしをもっとコントロールできるようにとつくられた技術なのに、そのせいでコントロールが奪われつつあるのだ。

情報システムというのは最終的にその社会的影響から判断しなければならないものであり、大きな問題の解決に役立たないなら意味はないと、サン・マイクロシステムズの共同創立者、ビル・ジョイはわたしに語ってくれた。「インターネットがしていることが膨大な情報の提供だというならそれはそれでかまわないのですが、では、その結果、どういうことが起きたのでしょうか。人類は、気候変動、アジアや中東の政情不安、人種問題、中産階級の没落といった重要な問題に対応しなければなりません。これほど大きな問題に直面しているのだから、どこかで新しい動きが生まれるのではないかと思うのですが、問題に見えるだけのこと、エンターテイメント、ゲームなど、人々の注意をそらすものがかぶさってしまっています。選択の自由を豊富に持つこのシステムではこのような問題に対応できないというのであれば、それはなにかがまちがっているということでしょう[3]」

たしかになにかがおかしい。しかしだからといってインターネットが消える運命にあるわけではない。インターネットの最大にして唯一の強みは柔軟に変化できることだからだ。個別の活動、企業の責任、政府の規制を組み合わせれば、いまからでも、インターネットが進む道は変えられる。

ティム・バーナーズ＝リーはこう書いている。「我々がウェブをつくる。インターネットに持たせたい特性や持たせたくない特性も我々が選ぶ。インターネットはまだ終わっていない（もちろん死んでなどいない)」。新しいアイデアを紹介してくれる情報システム、我々を新たな道へと押しだしてくれる情報システムを構築することは、まだ、可能だ。我々の行動を映すのではなく、我々が知らないことを教えてくれるメディアを構築することは、まだ、可能だ。自分の興味を自賛する無限ループに我々をとらえてしまわないシステム、自分の専門でない領域を調べられないようにしてしまわないシステムを構築することは、まだ、可能だ。

しかしそのためには、まず、ビジョンが必要となる。なにを目的とするのか、だ。

モザイク

1975年から建築家のクリストファー・アレグザンダーらが出版した一連の本が、都市計画、デザイン、プログラミングを大きく変えた。これが有名な『パタン・ランゲージ――町・建物・施工　環境設計の手引』だ。さまざまな人の言葉や格言、手書きのスケッチが満載されたガイドブックで、世界に対する新しい見方・考え方を模索する信者に聖書のように連綿と読みつがれている。

アレグザンダーらは、この本を書くために8年間、なぜ「機能する」場所と機能しない場所があるのか、繁栄する都市や地域や家々と荒れてさびれてしまう都市や地域や家々とを分けているのはなんであるのかという問題を研究した。鍵を握るのは、字義的・文化的な文脈に適した設計なのだそうだ。そして、文脈に適した設計とするためには、人の空間に関する設計仕様のセット、「パターン言語」を使うのが一番よいと考えた。

この本は、建築家でなくともうっとりしてしまう。たとえば、子どもにとって居心地のよい空間（天井高は75～120センチメートルであるべき）や「上から見おろし、自分の世界を見わたせる」高きところなどのパターンが示されている。[4]「十全で生き生きとした社会は、それぞれに特有のパターン言語がかならず存在する」とアレグザンダーは指摘している。[5]

なかでも興味深いのは、成功する都市が持つパターンについての章だ。この章では2種類の街が例として挙げられているが、その片方はライフスタイルや背景と関係なく人々が交じりあう「混交の街」、もう片方は特性で人々がはっきりとグループ分けされた「孤立集団の街」である。[6]混交の街は「豊穣に見えるが、実際のところ、多様性を大きくそいでしまっており、分化の可能性をあらかた抑えてしまっている」。[7]さまざまな人と文化が混じってはいるが、都市のどの部分も同じような混ざり方をしている。都市のどの部分に行っても、さまざまな文化の最大公約数で等しくなってしまうのだ。

一方、孤立集団の街では、自分とは微妙に異なるサブカルチャーの小さな世界にとらわれる人がでてしまう。コミュニティ同士のつながりや重なりがないため、都市を構成する各サブカルチャーが進化することもない。結局、孤立集団は停滞と狭量を生む。

これに対してアレグザンダーは、第3の選択肢を提示する。閉鎖的な孤立集団と等質な混交の街との中間である。アレグザンダーはこの幸せな状態をサブカルチャーのモザイクと表現した。このような都市とするためには、それぞれの地域が文化的に特徴を持ちやすい設計としなければならない、しかも「このようなサブカルチャーははっきりした違いを持つ特徴的なものでなければならないが、閉鎖的であってはならない。お互いにいつでも行き来が可能で、人がサブカルチャーからサブカルチャーへと自由に移動し、自分に適したところに居を構えられるものでなければならない」とした。[8]このモザイクは、人の暮らしが持つふたつの特徴をベースとしている。ひとつは、人の居場所は「周囲の人や価値から自己の特性が支持される」場所にしか存在しないということ。[9]もうひとつは、本章冒頭に引用した文章からもわかるように、自分にもっとも適した暮らしを選ぶためには多くの選択肢が見えていなければならないということだ。優れた都市はこの条件を満足する。生き生きとした文化がいくつも存在するし、市民は自分がもっともくつろげる伝統や地域へと移動できる。

このようにアレグザンダーは都市について書いたわけだが、『パタン・ランゲージ』のすごいところは、人が集まって暮らす場所であればそれがインターネットであっても当てはまる点だ。オンラインのコミュニティやニッチは重要だ。そういう場所でこそ新しいアイデアやスタイルやテーマ、さらには言葉が生まれ、吟味される。もっともくつろげる場所でもある。アレグザンダーが言う混交の街のようなインターネットは事実とアイデアとコミュニケーションが渦を巻くカオスであり、好ましい場所とはなりえないだろう。しかし同時に、孤立集団の街に住みたいと思う人もいない――そして孤立集団の街こそ、パーソナライゼーションをやりすぎたとき我々が住まなければならなくなる場所なのだ。最悪のケースでは、フィルターバブルによって我々は自分が持つものに近い情報にとらわれ、オンラインに存在する広大な可能性の世界を見ることもできなければ探検することもできなくなってしまう。オンラインの都市計画担当者には、ぜひ、関連性とセレンディピティのバランスをよく考えていただきたい。友達に会う安心感と見知らぬ人と出会う興奮のバランスをよく考えていただきたい。快適なニッチと開けた広大な空間のバランスをよく考えていただきたい。

個人にできること

我々は「心理学的な肥満[10]」におちいりかけているとソーシャルメディアの研究者、ダナ・ボイドは警告を発したが、まさしくそのとおりである。健康的な情報食とするためには供給側の企業が動く必要があるが、そのためにも我々は習慣を変えてゆかなければならない。消費者が行動を変え、ほかの製品に移ろうという気構えを見せなければ、コーンシロップのメーカーが変化することはないのだ。

出発点は「ネズミであることをやめる」だろう。

「ディス・アメリカン・ライフ」というラジオ番組で、優れたネズミ捕りをつくる方法が取りあげられたことがある。[11] ホストはイーラ・グラス、アイデアに解説を加えるゲストは世界最大のネズミ捕りメーカーで働くアンディ・ウールワースだった。さまざまな方法が寄せられた——実用性がないものから（ネズミを不凍液に落とす。そのあとバケツで取りだす必要がある）、ぞっとするようなものまで（ガス弾を使ってネズミを殺す）。

オチは「新しいアイデアは不要」の一言だった。ウールワースの会社の製品はとても安価なのに88％の確率で1日以内にネズミを捕まえられるというのだ。その理由は、ネズミが食べ物を探して歩くルートが3メートルほどの範囲に集中し、1日に30回もそこに戻るからだ。そのあたりに罠をしかければ、だいたい捕まえられる。[12]

情報について多くの人はネズミに似た習性をもつ。白状すればわたしもだ——3つか4つのウェブサイトを毎日何度もチェックし、訪問先を変えたり増やしたりすることは珍しい。「住んでいるのがカルカッタだろうがサンフランシスコだろうが、我々はだいたいいつも、同じようなことをくり返しています。このループから抜けだすのは簡単ではありません」[13]と、マット・コーラーは言う。習慣というのは変えにくいものだ。でも、いつもと違う道をとおると新しい発見があるように、オンラインで歩く道も変えてみると新しいアイデアや人と出会うチャンスが大きくなる。

新しい方面に興味関心を示せば、パーソナライズするコードの動作範囲が広がる。オペラとマンガと南アフリカの政治とトム・クルーズに興味を示す人は、どれかひとつにしか興味を示さない人よりも分類のレッテルを貼りにくい。注意力という懐中電灯で知識の限界を照らす努力を続ければ、認識する世界を広げることができる。

踏み固められた道から外れるのは怖いと思うはずだが、そうすれば新しいアイデアや人、文化に出会うというパワフルな体験ができる。人として生きている実感が得られるのだ。セレンディピティは喜びへの近道と言ってもいい。

第四章で検討した「アイデンティティの連鎖」という問題も、インターネットブラウザーのユーザーを特定するために使われるクッキーを定期的に削除すれば、ある程度は回避できる。最近のブラウザーは簡単にクッキーを削除できるようになっており、オプションや環境設定を開き、クッキーの削除を選択するだけで終了する。また、パーソナライズド広告のネットワークも、その多くで拒否する設定が用意されている。このような設定の最新リストは、本書のウェブサイト（www.thefilterbubble.com）に公開してある。

しかしパーソナライゼーションは完全には避けられないものであり、拒否設定だけでどうにかなるものではない。プライバシー設定を高くし、個人情報がほとんど保存されないようにする方法もあるが、これもあまり実用的ではない――オンラインサービスの多くが適切に機能しなくなってしまうからだ（だから、後述する米連邦取引委員会が検討中の追跡お断りリストは現実的でないと思う)。また、新品のノートパソコンを使い、完全にログアウトした状態でも、インターネットのアドレス、物理的位置などさまざまな条件でパーソナライズしてしまうグーグルのようなサイトもある。

それなりのアプローチとしては、フィルターの効果と個人情報の使い方が見え、それをユーザーがコントロールできるサイトを選ぶ形が考えられる。

ツイッターとフェイスブックを比べてみよう。ふたつのサイトはいろいろな意味でよく似ている。ちょっとした情報のほか、動画やニュース、写真へのリンクを公開することができる。話を聞きたいと思う人からは話を聞き、話を聞きたくないと思う人の話は排除できる。

ツイッターの世界はとてもシンプルな少数のルールで構成されており、ルールのほとんどは公開されている――これを「薄い規制の層」と呼ぶ人もいる。アカウントをわざわざロックしないかぎり、ツイッターにおける言動はあらゆる人に公開される。誰のフィードでも自由にフォローできるし、許可をもらう必要もない。それだけで、フォローしている人全員のつぶやきが時系列で提示される。

これに対してフェイスブックの情報宇宙はどうにもならないほど不透明で、しかも毎日のように変化していると感じられる。ステータスアップデートをしても、それが友達に見えるかどうかはわからないし、逆に、友達のステータスアップデートも見えるかどうかわからない(最新情報をクリックすれば全員のアップデートが見られると思っている人が多いが、最新情報も全員のアップデートが見られるわけではない)。コンテンツの種類によって表示される率が変化する。たとえば動画は、ステータスアップデートよりも友達のところに表示される可能性が高い。また、サイトに登録した情報も、プライベートだったものが翌日には公開されたりする。友達にのみ公開という条件で自分が「ファン」であるウェブサイトを登録させ、2009年のある日、その情報を世界に公開するといったこともあったが、この件についてフェイスブックからは謝罪も弁明もなかった。

ツイッターのルールはごく少なく、加えていずれも理解しやすいため、ベンチャーキャピタリストのブラッド・バーナムが言う「デフォルトの暴政」におちいるおそれが少ない(バーナムは、ツイッターに早くから投資していたユニオン・スクエア・ベンチャーズ(Union Square Ventures)のパートナーである)。選択肢が存在する場合、デフォルトには大きな力がある。欧州諸国における臓器提供率の違いを見れば、この力がよくわかる。英国、オランダ、オーストリアは10%から15%であるのに対し、フランス、ドイツ、ベルギーは90%の後半である。[14] どうしてこれほど違うのか。前半は臓器提供をするならボックスにチェックを入れる国、後半は臓器提供をしないならボックスにチェックを入れる国なのだ。

肺や心臓を必要とする友達の運命さえもデフォルトに従って決めるのだから、情報の公開方法についても、たいがいはデフォルトに従ってしまうのが当たり前だろう。人は愚かだと言いたいのではない。ただ、我々は忙しく、意思決定に使える注意力は限られており、皆がしているなら同じようにしても大丈夫だろうと考えがちなだけだ。しかし、この信頼は裏切られることが多い。フェイスブックはこの力を意図的に活用してきた――プライバシー設定のデフォルトを変更し、投稿内容をなるべく公開するように仕向けてきたのだ。もちろん、ソフトウェアアーキテクトはデフォルトが持つ力を理解しており、その力を活用してサービスの収益性を高める工夫をする。つまり、個人情報の提供レベルはユーザーが決められるという言葉はまゆにつばをつけて聞くべきものなのだ。ルールが少なく、透明性の高いシステムなら、このデフォルトも少なくなる。

フェイスブックに取材を申しこんだが広報部から返信はなかった（フェイスブックにおけるプライバシーの取り扱いに対し、ムーブオンが批判的だと知られているからだろう）。いずれにせよフェイスブックとしては、サービスの使い方についてツイッター以上に豊富な選択肢で細かくコントロールできるようになっていると反論したいところだろう。たしかに、フェイスブックの設定ページにはさまざまな選択肢が用意されている。

しかしながらユーザーにコントロールを渡すためには、各選択肢がどのようなものであるのかを明確に示す必要がある。選択肢というのは、使う人が理解できる範囲のものしか存在しないに等しいからだ。言いたいことは昔のビデオを思いだしてもらえばわかるはずだ。あらゆる機能が用意されていたが、いらいらと半日も苦労しないと、それをどう使えばどう役に立つのかがわからなかった。オンラインでプライバシーを守る、フィルターの調整をするなどはとても大事な作業であり、マニュアルを長時間読めばやり方がわかるという姿勢では許されないだろう。

本書執筆時点で、ツイッターはフィルターの管理が簡単で、なにがなぜ提示されるのか容易に理解できるが、フェイスブックは不可能に近い。この部分以外はすべて同じサービスがあった場合、フィルターバブルを自分で管理したいと思うなら、フェイスブックよりもツイッターのようなサービスを使うべきだ。

我々の社会はアルゴリズム化が進んでおり、警察のデータベースから電力網、学校にいたるまで、コードで動く公的機能が増えている。このようなコードがどう書かれているのか、また、それがなにを処理しているのかという部分に、正義、自由、チャンスなどの社会的価値が埋めこまれていることに、まず気づかなければならない。それがわかって初めて、どれを優先すべきなのかを考えたり、ほかのやり方を探したりすることができる。

選挙区割りの問題を例に考えてみよう。選挙区割りは自党に有利なようにと水面下で駆け引きがおこなわれるという問題があり、その解決策としてソフトウェアに任せたほうがいいという意見がある。基本原則を定め、人口データを入力すれば結果がポンと出てくる……なかなかよさそうに思える。しかし、この方法でも根本的な問題は解消しない。このアルゴリズムが処理するものに政治的意味があるからだ。たとえば対象を都市ごとにするのか民族的な集団にするのか、あるいはまた、天然の境界線を使うのかによって、議会の勢力分布が変化してしまう。つまり、このアルゴリズムが本当はなにをしているのかに国民が注意を払わないと、意図と逆行する効果を生む可能性がある——「中立の」コードという隠れ蓑による自党への利益誘導を許してしまうのだ。

アルゴリズムの基礎的教育が重要になりつつあると言ってもいいだろう。我々はプログラムでできたシステムに判断を任せることが増えているが、そのシステムは国や公共機関の行動に影響を与える。数千行ものコードが読めるようにならなくても、変数やループ、メモリーをどう使うのかといった基本的なコンセプトが理解できれば、このようなシステムがどう働き、また、どこでまちがいが起きるのかがわかるようになる。

プログラミングの基礎を学ぶことは、特に学びはじめの時期、外国語よりも有意義だと言える。ほんの数時間勉強しただけで、例の「Ｈｅｌｌｏ，　Ｗｏｒｌｄ！」を体験し、自分のアイデアに命が吹きこまれる瞬間を見ることができる。数週間も勉強すれば、自分のアイデアをウェブ全体に公開できるくらいになる。完全にマスターするのはほかの仕事と同じでもっと長い時間がかかるが、多少の投資でも大きな報酬が得られる――コードが基本的になにをどうしているのかくらいはわかるようになるのだ。

フィルターバブルをはじけさせるには、まず、我々が自分の行動を変えなければならない。しかしそれだけでは効果が限定的で、最終的には、パーソナライゼーションを推進する企業の行動も変える必要がある。

企業にできること

グーグルやフェイスブックのようなオンライン世界の企業は自社の責任をなかなか理解できずにいるが、それは急成長の新興企業ばかりであることを考えると仕方がないと思われる。しかし、そろそろ社会的責任を認識してもらわなければ困る。パーソナライズドインターネットとは関連性を探すマシンの機能であり、そういう作業をマシンがしているだけだと言えばよい時代は終わったのだ。

まず、フィルタリングシステムを普通の人にも見えるようにすべきだ。このステップがなければ、フィルタリングをおこなう新興企業が社会的責任をどう果たしているのか、社会的に議論することさえできない。

ローレンス・レッシグも「政治的な対応ができるのは規制が見える場合のみだ」と言っている。[15] オープン性と透明性をイデオロギーとして発展してきた企業が、自分たちがおこなうことにこれほど不透明というのは、皮肉な事態という程度の表現ではすまないだろう。

フェイスブックやグーグルを初めとするフィルタリング関連企業は、いずれも、アルゴリズムは事業上の秘密であって公開できないと言う。この弁明に、すなおにうなずくわけにはいかない。フェイスブックもグーグルも、その強みは、そのサービスを信頼して使う人が多い点にある（固定化の話だ）。ダニー・サリバンのブログ、サーチエンジンランド（searchengineland.com）によると、ビング（Bing）もグーグルに「劣らない」検索結果を返すのに、ユーザーはグーグルと比べものにならないほど少ないという。グーグルが抜きんでているのは数学的な能力の問題ではなく、毎日使う人数の問題なのだ。ページランクを初めとするグーグル検索エンジンの主要部分は、グーグルのフェロー、アミット・シンガルが言うように「誰もが知る秘密」[16]となっているのだ。グーグルは、検索アルゴリズムを公開するとその隙を突かれやすくなるとも言う。しかし、オープンシステムは皆が抜け道をふさごうとするため、一般に、クローズドシステムよりも隙を突きにくい。たとえばオープンソースのオペレーティングシステムであるリナックスは、マイクロソフトのウィンドウズやアップルのOSXのようにクローズドなものより攻撃がしにくく、安全である。

安全性や効率性についてはさておき、コードを秘密にするとまちがいなくできることがひとつある。下した決定に対する責任を取らずにすむのだ。どのような決定を下したのか、社外からは見えにくくなるからだ。完全な透明性を確保するのは無理でも、どのようなアプローチで情報の整理やフィルタリングをおこなっているのか、もう少し明らかにすることは可能なはずだ。

歴史に学ぶのはどうだろう。1960年代半ばにニュース編集室で話題になった新聞オンブズマンだ。

この件について、ワシントン・ポスト紙の役員、フィリップ・フォーシーが書いたすばらしいメモがある。「新聞社自身が日々、基本理念を体現している、我々自身がオンブズマンだと言うだけでは不十分だ。そうであると証明されていないし、証明は不可能かもしれない。仮に可能だとしても、証明されたと世間が思ってくれることはない。自らを誠実かつ客観的に見る力が我々にあると信じろと読者に言うなど、できることではない」[17]。この意見をもっともだと考えたワシントン・ポストは、1970年にオンブズマンを採用する。

サクラメント・ビー紙で長年オンブズマンを務めるアーサー・ナウマンは、1994年、講演会で「メディアに二項対立が存在することは周知の事実です」と語った。まず、事業として成功し、投資から収益をあげなければならない。「しかし同時に、公共信託でもあります。公益企業の一種と言ってもいいでしょう。コミュニティにおいて強大な力を与えられた組織、ニュースの取りあげ方によって人々の考えや行動に影響を与える力を与えられた組織、公益を損なったり支援したりする力を与えられた組織なのです」[18]。新興メディアも、この精神を尊重すべきだろう。第三者をオンブズマンに任命し、パワフルなフィルタリングアルゴリズムがどのように機能しているのかを世界に示すことが重要な最初の一歩となるはずだ。

透明性とは、システムの核心部分を公開することのみを指すのではない。ツイッターとフェイスブックの比較からもあきらかなように、ユーザー一人ひとりが直感的にシステムの動作を理解できることも透明性である。これはまた、ツールに我々がコントロールされ、使われるのではなく、我々がツールをコントロールし、使うために必要な条件でもある。

まず、このようなサイトから自分がどういう人間だと思われているのか、我々ユーザーがわかる形にすべきである。グーグルはそのために「ダッシュボード」をつくり、ここですべてのデータを監視・管理できるようにしたという。しかし実際のところ、ダッシュボードはややこしい多層構造となっており、普通のユーザーには満足に使うことも理解することもできない。フェイスブックやアマゾンなどの企業の場合、ユーザーが自分の個人情報をダウンロードすることは米国ではできず、プライバシー法でできると定められている欧州でしかおこなえない。ユーザーが企業に提供したデータはユーザー本人に開示すべしというのはごく普通の考え方であり、カリフォルニア大学バークレー校によると、米国人の多くがそのように思っているという。[19]「それはまちがっている。たしかに一時期、わたしはサーファーだったり、マンガが好きだったり、民主党員だったりしたが、いまは違う」と声をあげられるようにすべきなのだ。

パーソナライズする企業がどのような情報を押さえているのかをユーザーに開示するだけでは不十分だ。その情報をどう使っているのか、どういう情報がどのくらい、なにを基準にパーソナライズされているのかまで、もっと詳しく説明する必要がある。パーソナライズドニュースサイトなら、どの記事を何人くらいが見ているのかを示すオプションを用意するなどが考えられるだろう。異同を色分けでビジュアルに示すなどもいいかもしれない。もちろん、そのためにはまず、パーソナライズしていることをユーザーに対して認める必要があるのだが、そうしたくないと思う強い理由がある事業もある。ただし、その理由は基本的に商業的なものであり、倫理的なものではない。

このような動きを推進している組織もある。オンライン広告コミュニティの業界団体であるインタラクティブ広告局では、パーソナライズド広告がどのようにパーソナライズされているのかを公開しなければ消費者は怒って国に規制を求めるようになるとして、どのような個人情報が使われているのか、また、どうすればその設定を変えられるのか、あるいはパーソナライゼーションを拒否できるのかを示すアイコンをすべての広告に添付するよう、メンバー企業に求めている。直接マーケティングの企業や広告主が開発したパーソナライゼーション手法を導入するにあたり、コンテンツプロバイダーも、このような保護策の採用を検討すべきだろう。

このように光を当てただけでは、問題は解決しない。セレンディピティを増進する、ニュアンスを大切にもっと人間的な形でアイデンティティを考える、公的問題を積極的に啓蒙し、市民としての意識向上をはかるなど、ほかの変数についても最適化してゆく必要がある。

コンピューターに意識や共感性、知性が備わらないかぎり、パーソナライズド環境に組みこまれる信号は実際の我々よりも情報量が大幅に少なくなってしまう。また、第四章で検討したようにパーソナライゼーションのアルゴリズムではアイデンティティループも生じてしまう。つまり、我々についてコードが知っていることが我々のメディア環境を作り、そのメディア環境が未来における我々の好みを形成するのだ。この問題は回避可能だが、そのためには「反証可能性」を重視するアルゴリズムとしなければならない。ユーザーの人物像を反証することを目的としたアルゴリズムだ（たとえばアマゾンなら、あなたが犯罪小説好きらしいと判断した場合、その人物像

選択できる時点で
その選択から差が生まれる。
どちらがどういいのか気になる.

を完成するために、他ジャンルの作品を積極的に提示するようにする)。

強いキュレーション力を持つ企業も、公的な空間や市民意識の醸成に努力すべきである。このような動きは、すでにある程度、始まっている。2010年11月2日、フェイスブックに米国人がアクセスすると、中間選挙の投票に行ったかとたずねるバナーが表示された。投票した人はこのニュースを友達と共有《シェア》するし、社会的な圧力から投票にゆく人もいるので、この仕掛けで投票数が増えたことはまちがいないだろう。同様にグーグルも、投票所の場所をわかりやすくする努力をしており、この日、そのためのツールをホームページに掲載していた。これが利潤追求の一環であれなんであれ(政治的広告の掲載場所として「投票所確認」機能のページほど優れた場所はないだろう)、このような活動により、政治や市民意識にユーザーの注意が振り向けられたことは確かである。

このような面でパーソナライゼーションのアルゴリズムを改良できないかとたずねたところ、数多くのエンジニアやテクノロジー系ジャーナリストから否定的な反応が返ってきた。なにが重要なのかを誰が決めるのかと聞き返してきた人もいる。ある種の情報のほうがほかの情報よりも価値があるとグーグルのエンジニアが決めるのは倫理的に問題があると反論してきた人もいる——実際のところ、エンジニアたちがずっとしているのはそういうことなのだが。

念のため申し添えておくと、少人数の編集者が実権をにぎり、なにが重要であるのかを一方的に決めていた昔に戻そうと言っているわけではない。ただ、あまりに多くの重大ニュース(ルワンダにおける大量虐殺など）が見逃され、あまりに多くのどうでもいいニュースがトップページに掲載されている。だからといって、このアプローチを完全に捨てるべきだとも思わない。ヤフーニュースを見ると、この中間にも道がありそうに思える。編集者がリードする旧来の方式とアルゴリズムによるパーソナライゼーションを組みあわせる方法だ。特に重要なニュースはアクセスした人全員に提示される。一部のユーザーにのみ表示されるニュースもある。クリックデータを解析して記事の成績を求める作業にもかなりの時間を費やしているが、ヤフーの編集チームはそれだけを気にしているわけではない。ヤフーニュースの社員は、わたしにこう語ってくれた。

「うちの編集者は、アクセスしてくる人たちを方向性を持ったデータの流れとして見るのではなく、それぞれに興味関心を持った人間として見ています。データも大好きですが、でもそのデータは、それがいったいなにを意味するのかを考える人間がフィルタリングしているのです。読者にとって重要だと思ったニュースなのに意外と成績が悪かったのはなぜだ？　このニュースをもっと多くの人に届けるためにはどうすればいいのだ？　そういう感じです」[20]

アルゴリズム的な解決方法もありうる。たとえば、多くの人の考えを集めてなにが重要なのかを決めるなどが考えられるだろう。フェイスブックの「いいね！」ボタンの横に「重要！」ボタンを置いたらどうだろう。どちらか片方または両方でタグを付けられるようにするのだ。そして、皆がなにを好むのかとなにを重要だと思うのか、両方の信号を活用し、ニュースフィードに表示する記事を決め、パーソナライズをすればいい。賭けてもいいが、こうして主観的に重要だと皆が思うことを取りあげるだけでパキスタンについてのニュースがいまよりも増えることはまちがいない。コラボレーティブフィルタリングを使ったからといって、かならず強迫的なメディアになるとはかぎらない。フィルターでどういう価値を引きだそうとするか次第だからだ。あるいは、グーグルやフェイスブックがスライダーバーを設置し、検索結果やニュースフィードのトップに表示する内容を「わたしが好きな内容だけ」から「わたしはおそらくきらいだが、ほかの人たちは好きな内容」で選べるようにする方法も考えられる。パーソナライゼーションと幅広い情報流のバランスをユーザー自身が選べるようにするのだ。この方法にはふたつの利点がある。ひとつはパーソナライゼーションがおこなわれているとはっきりわかるようになること。もうひとつはユーザーがパーソナライゼーションをコントロールできるようになることだ。

フィルターバブルのエンジニアにできることがもうひとつある。ふだん体験しない話題を提示するようにフィルタリングシステムを設計すれば、セレンディピティの問題が解決できるのだ。パーソナライゼーションに不規則性を組みこむと（その定義から当然なのだが）クリックが減るため、これは、短期的には純粋な最適化とぶつかる道だ。しかしパーソナライゼーションが抱える問題が広く知られるようになれば、長期的にはいい道だったとなるかもしれない。新しい話題を上手に提示してくれるシステムのほうを消費者が選ぶ可能性があるからだ。ネットフリックスの逆を行ったで賞――セレンディピティ賞のようなものを設定し、読者の注意力を惹きつけつつ新しい話題やアイデアも紹介できるシステムに与えるべきなのかもしれない。

企業にもっと大きな責任を負わせるのは無理だと思うかもしれないが、そのような例が過去にないわけではない。1800年代半ば、新聞にはあまりいい評判がなかった。どの新聞も偏向がひどく、徹底的にイデオロギー的だった。社主の確執に合わせて事実をねじ曲げたり、ちょっと色づけしたりといったことも日常茶飯事だった。このえげつない金儲けと情報操作の文化に対し、ウォルター・リップマンは『自由とニュース』で反旗を翻《ひるがえ》した。

しかし、その収益性と重要性が高まるにつれ、新聞も変化しはじめる。大都市では、スキャンダルやセンセーショナルなニュースを追わなくてもやってゆけるようになる。そこまでしなくてよくなったという社主側の事情もあった。司法もジャーナリズムに公益性を認め、そのような判断をするようになった。消費者も、良心的で正確な編集を求めるようになった。

リップマンの著作がきっかけとなり、編集倫理が生まれた。どこでも同じ編集倫理が使われるようにはならなかったし、もっときちんと守るべきというレベルにとどまりもした。新聞社の社主や株主から事業的な圧力がかかり、曲げられることも多かった。大きな倫理的問題も、くり返し発生した——政界の黒幕に近づいて真実が語れなくなる、読者よりも広告主の要求が優先されるなどだ。しかし、なんだかんだと言いつつ、激動の世紀を通してそれなりの成果を挙げてきたのはまちがいない。

そのバトンが新世代のキュレーターに渡されようとしている。彼らには、そのバトンを手に、胸を張って進んでもらいたい。創造する世界に公的な側面や市民性を組みこむプログラマーが必要だ。マネタイズの圧力が彼らを逆側に引いたとき、それを許さないユーザーも必要だ。

政府と市民にできること

フィルターバブルを動かしている企業なら、ここまでに紹介した方法など、さまざまなやり方でパーソナライゼーションの悪影響を和らげられる。しかし、利潤追求を目的とする私企業に任せるには重要すぎる問題もある。その部分は政府が対応すべきである。

エリック・シュミットがスティーブン・コルバートに語ったように、結局のところ、グーグルは私企業にすぎない。[21] 業績に悪影響を与えない対応策がたくさんあったとしても――いろいろとあるはずだ――その優先順位はかならずしも高くない。その結果、我々もできることをおこない、企業もそれなりに努力したあと、おそらくは、政府がきちんと監視をおこない、確実に我々がオンラインツールをコントロールできるようにする必要があるだろう。

キャス・サンスティーンは著書『インターネットは民主主義の敵か』において「公正原則」のようなものをインターネットにも適用し、賛否両論の併記を情報アグリゲーターに義務づけることを提案した。[22] サンスティーン自身はのちにこの案を撤回しているが、このような方向の規制はありうるだろう。キュレーターに公的な視野を求め、さまざまな議論を読者に提供させるわけだ。

ただ、わたしも、サンスティーンと同じ理由からこの考え方には疑問を抱いている。キュレーションというのはダイナミックで微妙なものであり、科学であると同じくらい職人芸という側面を持つ。そのため、編集倫理を規制すると、実験やスタイルの多様性、成長などを大きく阻害してしまうおそれがある。

本書執筆時点で、追跡お断りリストというものの導入を米連邦取引委員会が検討している。大成功をおさめた電話お断りリストをモデルとした制度で、1カ所で登録すればパーソナライゼーションのベースとなるオンライン追跡を拒否できるという、一見、優れた制度だ。しかしこの制度は、すべて許可かすべて拒否という二者択一になると思われるし、その場合、追跡お断りリストに登録すると、追跡から収益をあげている各種サービスがすべて使えなくなる可能性がある。インターネットの大半が使えなくなれば、皆、リストへの登録をやめるだろう。こうして大衆は追跡を容認しているという「証明」がでたのでは逆効果になってしまう。本当は、もっと微妙にコントロールする方法が欲しいというのに。

ここでおこなうべきなのは、個人情報に対するコントロールを個人に返すことを企業に義務づけることだとわたしは思う。オンラインのパーソナライゼーションは比較的新しい動きだが、このコントロールに関する原則は、実は、何十年も前に確立されている。ニクソン政権時代の1973年、米保健教育福祉省から、次のように、規制は個人情報の公正な運用と呼ぶものを中心にすべきだとの提言がおこなわれた。

・自分の個人情報について、それを誰が持っているのか、どういうデータを持っているのか、どういう風に使われているのかを本人が知る方法がなければならない。
・ある目的のために集められた自分に関する情報が他の目的に転用されることを本人が防止する方法がなければならない。
・自分の個人情報を訂正したり修正したりできる方法がなければならない。
・データは安全に守られなければならない。

それから40年近くがたったが、この原則はいまも基本的に正しいし、いまも施行されずにいる。これ以上は待てない。最近は知識労働者が増えており、個人情報や「パーソナルブランド」の重要性が高まっている。ブロガーやライター、おもしろい動画や音楽をつくる人、あるいは、コーチングやコンサルティングを仕事としている人などにとって、オンラインの足跡はとても貴重な個人資産である。本人の了承をとらずにブラッド・ピットのイメージを使って腕時計を販売するのは違法だが、フェイスブックが勝手にあなたの名前を使い、友達に腕時計を販売しても問題にならないというのが現状である。

世界各地で「我々に任せたほうが、皆、オンラインライフが充実する」という議論を情報ブローカーが展開している。彼らが無償で提供するツールを使ったとき消費者が手にするチャンスとコントロールは、消費者が提供する個人情報よりも価値が大きいというのだ。問題は、価値の大小を消費者が判断できない点だ。自分がどういうコントロールを手に入れるのかはあきらかだが失うコントロール（先々、個人情報をもとにチャンスを拒否されるなど）は見えないのだ。理解がつりあわないこと、はなはだしい。

さらに、プライバシーポリシーを熟読し、個人情報を利用する権利を与える価値があると判断するにしても、このルール自体を改訂する権利をほとんどの企業が留保しているという問題がある。たとえばフェイスブックは、リンク情報は友達にしか公開されないと約束していたが、２０１０年、すべてのデータを完全公開にすると方針を転換した。フェイスブックのプライバシーポリシーには（企業のプライバシーポリシーと同じように）過去にさかのぼる形で改訂したルールを適用できるという条項がある。つまり、実質的に、個人情報を自分たちに都合のよい形でいくらでも使えるのだ。

個人情報の公正な運用を実現するためには、まず、個人情報を個人資産だと考え、その権利を守る必要がある。パーソナライゼーションのもととなる経済的取引において、消費者はどうしても不利な立場となる。人種にどれだけの価値があるのかグーグルは知っているが、ユーザーにはわからない。また、メリット（ただで電子メールが使える）はわかるが、デメリット（失うチャンスやコンテンツ）はわからない。個人情報を資産の一種だと考えれば、この市場をもう少し公平にできるだろう。

個人情報はかなり特殊なタイプの資産で、提供したあとも、長期にわたって利害関係が続く。すべての個人情報を無期限で売れるようにするのは、消費者にとってよくないはずだ。フランスには、販売後も作品の改変に口をはさむ権利を留保できる「倫理法」があるが、こちらを元にしたほうがいいだろう（欧州は個人情報保護について個人情報の公正な運用に近い法律が定められているが、法律違反を個人が訴えるのが難しいなど、その施行実態はさまざまな面で多くの問題を抱えている）。

電子プライバシー情報センター（the Electronic Privacy Information Center）のエグゼクティブディレクター、マーク・ローテンバーグはこう語る。「そもそも、プライバシーを大きく侵害しなければインターネット上で無償サービスが得られないなどと考えるべきではなかったのです」[23]。問題はプライバシーにとどまらない。我々が見るモノ・見ないモノが我々のデータからどのような方法で決められているのかという問題もある。アクシオムやフェイスブックなどが享受しているほど簡単に、我々の暮らしぶりがわかるさまざまなデータを追跡・管理できていいのかという問題もある。

シリコンバレーのテクノロジストは、これを勝ち目のない戦いだと言う人いる。個人情報は個人の手を離れてしまい取り戻すことはできない。今後はそういうものだと思って暮らすしかないのだ、と。しかし、みつからないように盗みを働く人がときどきいるからといって盗みを禁じる法律が無駄なわけではないように、個人情報に対する法規制も完全である必要はない。法規制があればある種の情報のやりとりに摩擦が生じるし、多少の摩擦が大きな変化を生むことも多い。
いまも、個人情報を保護する法律はある。たとえば公正信用報告法では、信用報告書を本人に開示すること、また、信用報告書によって消費者が不利な取り扱いを受ける場合は本人に通知することが信用調査機関に義務づけられている。十分ではないかもしれないが、従来は自分の信用報告書に誤りがあるか否かの確認さえもできなかったことを考えると（米国公共利益調査グループによると、70％に誤りがあるそうだ）、正しい方向への一歩だとは言えるだろう。[24]

さらに大きな一歩として、個人情報担当の組織を設置することが考えられる。EUなど先進工業国の多くはこのような機関を設置しているが米国は大きく遅れており、個人情報保護は連邦取引委員会、米商務省など数多くの省庁に責任が分散している。21世紀にはいってすでに10年以上が経過したいま、この問題にも真剣に対処する必要があるだろう。

対策は、いずれも簡単ではない。個人情報はとらえにくい標的だし、細かく調整してゆかないと消費者や市民の利益と企業側の利益をバランスすることもできない。最悪の場合、法律を新設したら、規制対象の活動よりも大きな負担になるといったことも考えられる。しかしこれらは、正しい対策を早期に講じるために検討すべき事項である——個人情報から利益を得る企業が法制度の確立を阻止したいという大きなインセンティブをもつ前に検討すべき事項である。

これは巨額のお金が動く話であり、法制度の策定にはお金が大きな力を発揮することを考えると、簡単に対応が進むことはないだろう。我々のデジタル環境をデジタル環境自体から救うためには、デジタル環境保護の活動家に登場してもらわなければならないのかもしれない。我々が構築しているこの空間の市民が力を合わせ、デジタル環境のよい面を守る活動を展開しなければならないのかもしれない。

これから1、2年で、今後10年以上にわたってオンラインライフを規定する制度が作られてゆく。その背景にはオンラインの巨大コングロマリットたちがいる。インターネットの物理的インフラストラクチャーを持つ通信分野の巨人たちは、当然、政治的に強い力をもっている。米国における政治献金で比較すると、AT&Tは石油会社や医薬品企業をおさえて4大企業のひとつとなっている。グーグルなど、仲介者となる企業も政治的な影響力をかなり有している。エリック・シュミットは頻繁にホワイトハウスを訪れているし、マイクロソフト、グーグル、ヤフーなどの企業はワシントンDCに数百万ドルもの資金を投下して影響力を確保している。あらゆる人に力を与え、その能力を解放するエンパワーメントの象徴としてウェブ2・0がもてはやされたが、それでも昔ながらの格言が正しい、つまり、インターネットの手綱をめぐる争いにおいて組織されていないのが大衆だけというのは皮肉だとしか言いようがない。

その理由はただひとつ――我々の大半が戦いに参加していないからだ。インターネットを使い、その未来に期待している人の数は、企業ロビイストの数を何桁も上回るほどいる。政治的、民族的、社会経済的、世代的などのような分類をしようとも、そのすべてにおいてあらゆるタイプの人がインターネットの未来に個人的利害を左右される。その総数は億人単位となるはずだ。このほかに、民主的で公共性の高いウェブとなったほうがよいと考える小規模のオンライン事業者も数多く存在する。我々の大半がオープンで公共性の高いインターネットにすることが重要だと考え、声を上げれば――フリープレス（政治的偏向なし・草の根でメディア改革を推進する組織）に参加する、議員に電話をする、政治活動報告会で質問する、市民のために動いてくれる議員に献金するなどすれば――ロビイストたちに勝ち目はない。

インドやブラジル、アフリカなどで新たに何十億もの人々が参加し、インターネットは真にグローバルな場所となりつつある。インターネットで過ごす時間は、今後、ますます増えるだろう。しかし最終的には、仕事や遊び、コミュニケーションの仕方、あるいは世界を理解する方法など、世界何十億もの人々の行動をごく少数の米国企業が左右するようになってしまうおそれがある。誰とでもつながれる世界、ユーザーがコントロールできる世界というインターネットのビジョンを守る――それこそ、いま、我々がなすべきことだと思う。

結局サービス運営者がどう
設計すべきかは示されず

訳者あとがき

２０１１年3月の東日本大震災に伴う原子力発電所の事故で電力が不足し、節電が強く叫ばれていたころ、ツイッターで言い争いがあった。飲食店などのネオンを消すべきか付けておいていいかという話で、片方は節電のために計画停電までしているくらいなのだから消すべきという意見、もう片方はネオンの消灯は飲食店にとって死活問題だから付けておいていいという意見だった。おもしろいなと思ったのは、両方とも、自分から見えるツイッターのタイムラインでは自分と同意見の人が多数派だったという点だ。

当然といえば当然の話だ。「類は友を呼ぶ」というくらいで、現実世界において仲のよい友達は自分と似た考えを持っていることが多い。友達になる・ならないというのはきわめて人間的な選択なので、実生活では知りあえない人とつながりが持てるインターネットにおいても、結局、自分と似た人が友達に多くなるのは当たり前だろう。

一方、インターネットにおける検索の結果や各種サイトで提示されるニュースなどは、ユーザー個人の嗜好や興味関心とは関係がないと考えるのが普通だろう。いわば辞書を引いたり新聞を読んだりするのと同じであり、誰がやっても同じ結果が得られるはずだと。これはインターネットを創った人々が夢見ていたウェブのイメージでもある。オープンで誰もが同じ情報にアクセスできる。さまざまな立場の人がつながり、「公」の空間が大きく広がって大衆が大きな力を持つようになる。電子フロンティア財団の創設につながったマニフェストにあった「サイバースペースにおける精神の文明開化」の世界だ。

ところが最近のインターネットは、いつのまにか、自分が興味を持っていることや自分の意見を補強する情報ばかりが見えるようになりつつあるらしい。たしかにインターネットの世界にはあらゆる情報が存在しているが、その情報と我々とのあいだにフィルターが置かれ、そのフィルターを通過できる一部の情報だけが我々に届く状態になってきているのだ。しかも、このフィルターは一人ひとりに合わせてパーソナライズされている。つまり、いま、我々が見るインターネットは一人ひとり違っていることになる。

本書の著者は、これを「フィルターバブルに包まれている」と表現する。一人ひとりがフィルターでできた泡《バブル》に包まれ、インターネットのあちこちに浮かんでいるイメージだ。

フィルターバブルの登場でインターネットの体験は大きく変化した。まず、自分の興味関心に関連のある情報が得やすくなったことが挙げられる。

「おお、それはいい」と思った人はちょっと待ってほしい。うまい話には落とし穴があるというのが世の中の常識である。フィルターバブルも例外ではない。

フィルターを作って設置しているのはグーグルやフェイスブックといった企業だ。その背景にあるのは広告。ユーザーの興味関心が正確に把握できれば、それに合わせた広告が提示できる。パーソナライズを通じて広告の効率を上げたいからフィルターを開発しているわけで、ユーザーのために作って設置しているのではないのだ。ただユーザーにとっても自分が欲しいと思うモノが簡単にみつかって便利だというわかりやすいメリットがあるため、いままで特に問題にされてこなかっただけだ。

もちろん、落とし穴となるデメリットもある。ただしわかりにくい。ある意味、そのデメリットを説明するために本書の著者は1冊を費やしているほどなのだ。

著者が指摘する主なデメリットをざっと紹介しよう。

まず、思わぬモノとの出会いがなくなり、成長や革新のチャンスが失われる。知らないモノと出会うと知的好奇心が刺激され、人間はそれを原動力に成長や革新を実現する。ところがフィルターバブルはさまざまなものをいつのまにか隠してしまうため、知らないことを知りたいという強い気持ちが生まれない。

さらに、自分の言動をもとにフィルターがパーソナライズされると、パーソナライズのもととなった言動を強化する情報ばかりがはいってくるようになり、その情報で強化された言動をもとにパーソナライズが強化され……という具合にループしてしまう。フィルターバブルの膜は厚くなる一方なのだ。

フィルターでユーザーの言動を変えてゆけるとなれば、当然、それを利用して利益を上げようとする人間がでてくる。購入履歴を参考として客観的に選んだようにみせかけ、スポンサーがお金を払ってくれた製品を推奨するといったこともおこなわれるだろう。精神状態などからついいらないものまで買ってしまいがちなとき、集中的に購買意欲をあおられるといったことも起きるだろう。ちょっと危ない地域への旅行に興味を示すと、その情報を買った保険会社から高い料率を提示されるといったこともありうる。「対価を払わない者は顧客ではない。売られるモノだ」という言葉が本書で紹介されているが、フィルターバブルの世界において我々は「我々の言動を売ることを許可する」という形で対価を支払っているわけだ。

フィルターで購買行動を変えられるのなら、それ以外の行動も変えられると考えるのが妥当だろう。つまり、その影響はいらないものを買わされる程度にとどまらず、国の政治や世論といったものにまで及ぶ可能性があるのだ。世論をある方向に動かしたいと思えば、少しずつそちら向きの情報が増えるようにフィルターを調節してゆけばいい。「周りが皆そう思っている」と皆が思うようにしむければいいわけだ。

最大の問題は、可能性としてそこまでの力をもつフィルターを私企業がそれぞれ好き勝手に開発している点だろう。そのため、どういう方針でなにをどのように処理してパーソナライズしているのかまったくわからない状態になっている。自分の言動が誤解されておかしなパーソナライゼーションとなっていても、それを訂正してもらう方法もない。そもそも、パーソナライズされているのかどうかさえ、ユーザーにはわかりにくい。

このようにフィルターバブルはユーザーから見てさまざまな問題を抱えており、その先行きには不安が大きくある。

この状況を変えるにはどうしたらいいか。著者はさまざまな提言もおこなっている。ユーザーに対する提言のほか、フィルターを開発・設置・利用する企業に対する提言や政府に対する提言も本書に書かれている。

その提言を実現するためには、まず、フィルターバブルとその問題にユーザーが気づかなければならない。そして、フィルターを開発・設置・利用する企業に対する提言や政府に対する提言が実現されるようにと働きかける必要がある。その結果、インターネットが情報ツールとして優れたものになってほしい——それが著者の願いだろう。

2012年2月

井口耕二

原　注

はじめに

1. David Kirkpatrick, *The Facebook Effect: The Inside Story of the Company That Is Connecting the World* (New York: Simon and Schuster, 2010), 296.〔『フェイスブック　若き天才の野望』滑川海彦・高橋信夫訳、日経 BP 社、2011〕
2. Marshall McLuhan, *Understanding Media: The Extensions of Man* (Cambridge: MIT Press, 1994).〔『メディア論』栗原裕・河本仲聖訳、みすず書房、1987〕
3. *Google Blog*, Dec. 4, 2009, accessed Dec. 19, 2010, http://googleblog.blogspot.com/2009/12/personalized-search-for-everyone.html.
4. 匿名希望の情報提供者に著者が取材。
5. Julia Angwin, "The Web's New Gold Mine: Your Secrets," *Wall Street Journal*, July 30, 2010, accessed Dec. 19, 2010, http://online.wsj.com/article/SB10001424052748703940904575395073512989404.html.
6. 正式な商標は Yahoo! だが、本書では読みやすさを優先して感嘆符なしの表記とした。
7. Angwin, "The Web's New Gold Mine," July 30, 2010.
8. 本書執筆時点で、ABC ニュースは「AddThis」という共有ソフトウェアを使用していた。ABC ニュースのサイト（あるいはほかのサイト）にあるコンテンツを AddThis でシェア（共有）すると、AddThis から自分のコンピューターに追跡用クッキーが送られる。このクッキーを使えば、特定サイトでなにかをシェアした人をターゲットとした広告が展開できる。
9. クリス・パーマー（著者による電話取材）、2010 年 12 月 10 日。
10. Stephanie Clifford, "Ads Follow Web Users, and Get More Personal," *New York Times*, July 30, 2009, accessed Dec. 19, 2010, www.nytimes.com/2009/07/31/business/media/31privacy.html.
11. Richard Behar, "Never Heard of Acxiom? Chances Are It's Heard of You." *Fortune*, Feb. 23, 2004, accessed Dec. 19, 2010, http://money.cnn.com/magazines/fortune/fortune_archive/2004/02/23/362182/index.htm.
12. Marshall Kirkpatrick, "They Did It! One Team Reports Success in the $1m Netflix Prize," *ReadWriteWeb*, June 26, 2009, accessed Dec. 19, 2010, www.readwriteweb.com/archives/they_did_it_one_team_reports_success_in_the_1m_net.php.
13. Marshall Kirkpatrick, "Facebook Exec: All Media Will Be Personalized in 3 to 5 Years," *ReadWriteWeb*, Sept. 29, 2010, accessed Jan. 30, 2011, www.readwriteweb.

com/archives/facebook_exec_all_media_will_be_personalized_in_3.php.
14. Josh Catone, "Yahoo: The Web's Future Is Not in Search," *ReadWriteWeb*, June 4, 2007, accessed Dec. 19, 2010, www.readwriteweb.com/archives/yahoo_personalization.php.
15. James Farrar, "Google to End Serendipity (by Creating It)," *ZDNet*, Aug. 17, 2010, accessed Dec. 19, 2010, www.zdnet.com/blog/sustainability/google-to-end-serendipity-by-creating-it/1304.
16. Pew Research Center, "Americans Spend More Time Following the News," Sept. 12, 2010, accessed Feb. 7, 2011, http://people-press.org/report/?pageid=1793.
17. Justin Smith, "Facebook Now Growing by Over 700,000 Users a Day, and New Engagement Stats," July 2, 2009, accessed Feb. 7, 2011, www.insidefacebook.com/2009/07/02/facebook-now-growing-by-over-700000-users-a-day-updated-engagement-stats/.
18. Ellen McGirt, "Hacker. Dropout. CEO," *Fast Company*, May 1, 2007, accessed Feb. 7, 2011, www.fastcompany.com/magazine/115/open_features-hacker-dropout-ceo.html.
19. "Measuring tweets," *Twitter* blog, Feb. 22, 2010, accessed Dec. 19, 2010, http://blog.twitter.com/2010/02/measuring-tweets.html.
20. "A Day in the Internet," Online Education, accessed Dec. 19, 2010, www.onlineeducation.net/internet.
21. M. G. Siegler, "Eric Schmidt: Every 2 Days We Create as Much Information as We Did up to 2003," *TechCrunch* blog, Aug. 4, 2010, accessed Dec. 19, 2010, http://techcrunch.com/2010/08/04/schmidt-data.
22. Paul Foy, "Gov't Whittles Bidders for NSA's Utah Data Center," Associated Press, Apr. 21, 2010, accessed Dec. 19, 2010, http://abcnews.go.com/Business/wireStory?id=10438827&page=2.
23. James Bamford, "Who's in Big Brother's Database?," *The New York Review of Books*, Nov. 5, 2009, accessed Feb. 8 2011, www.nybooks.com/articles/archives/2009/nov/o5/whos-in-big-brothers-database.
24. Steve Rubel, "Three Ways to Mitigate the Attention Crash, Yet Still Feel Informed," *Micro Persuasion* (Steve Rubel's blog), Apr. 30, 2008, accessed Dec. 19, 2010, www.micropersuasion.com/2008/04/three-ways-to-m.html.
25. ダニー・サリバン（著者による電話取材）、2010年9月10日。
26. Cass R. Sunstein, *Republic.com 2.0*. (Princeton: Princeton University Press, 2007).〔『インターネットは民主主義の敵か』石川幸憲訳、毎日新聞社、2003〕
27. ライアン・カロ（著者による電話取材）、2010年12月13日。
28. Danah Boyd, "Streams of Content, Limited Attention: The Flow of Information

through Social Media," speech, Web 2.0 Expo. (New York: 2009), accessed July 19, 2010, www.danah.org/papers/talks/Web2Expo.html.

29. "Ovulation Hormones Make Women 'Choose Clingy Clothes,'" BBC News, Aug. 5, 2010, accessed Feb. 8, 2011, www.bbc.co.uk/news/health-10878750.

30. "Preliminary FTC Staff Privacy Report, " remarks of Chairman Jon Leibowitz, as prepared for delivery, Dec. 1, 2010, accessed Feb. 8, 2011, www.ftc.gov/speeches/leibowitz/101201privacyreportremarks.pdf.

31. Yochai Benkler, "Siren Songs and Amish Children: Autonomy, Information, and Law," *New York University Law Review*, Apr. 2001.

32. Robert Putnam, *Bowling Alone: The Collapse and Revival of American Community* (New York: Simon and Schuster, 2000).〔『孤独なボウリング』柴内康文訳、柏書房、2006〕

33. Thomas Friedman, "It's a Flat World, After All," *New York Times*, Apr. 3, 2005, accessed Dec. 19, 2010, www.nytimes.com/2005/04/03/magazine/ 03DOMINANCE.html?pagewanted=all.

34. Thomas Friedman, *The Lexus and the Olive Tree* (New York: Random House, 2000), 141.〔『レクサスとオリーブの木』東江一紀・服部清美訳、草思社、2000〕

35. クライブ・トンプソン（著者による取材）、2010年8月13日、ニューヨーク州ブルックリンにて。

36. Lee Siegel, *Against the Machine: Being Human in the Age of the Electronic Mob* (New York: Spiegel and Grau, 2008), 161.

37. "Americans Using TV and Internet Together 35% More Than A Year Ago," Nielsen Wire, Mar. 22, 2010, accessed Dec. 19, 2010, http://blog.nielsen.com/nielsenwire/online_mobile/three-screen-report-q409.

38. John Perry Barlow, "A Cyberspace Independence Declaration," Feb. 9, 1996, accessed Dec. 19, 2010, http://w2.eff.org/Censorship/Internet_censorship_bills/barlow_0296.declaration.

39. Lawrence Lessig, *Code, Version 2.0* (New York: Basic Books, 2006), 5.〔『CODE VERSION 2.0』山形浩生訳、翔泳社、2007〕

第一章

1. *MetaFilter* blog, accessed Dec. 10, 2010, www.metafilter.com/95152/Userdriven-discontent.

2. Nicholas Negroponte, *Being Digital* (New York: Knopf, 1995), 46.〔『ビーイング・デジタル（新装版）』西和彦監訳、福岡洋一訳、アスキー、2001〕

3. Negroponte, Ibid., 151.

4. Negroponte, Mar. 1, 1995, e-mail to the editor, Wired.com, Mar. 3, 1995, www.wired.com/wired/archive/3.03/negroponte.html.
5. Jaron Lanier, "Agents of Alienation," accessed Jan. 30, 2011, www.jaronlanier.com/agentalien.html.
6. Dan Tynan, "The 25 Worst Tech Products of All Time," *PCWorld*, May 26, 2006, accessed Dec. 10, 2010, www.pcworld.com/article/125772-3/the_25_worst_tech_products_of_all_time.html#bob.
7. Dawn Kawamoto, "Newsmaker: Riding the next technology wave," *CNET News*, Oct 2, 2003, accessed Jan. 30, 2011, http://news.cnet.com/2008-7351-5085423.html.
8. Robert Spector, *Get Big Fast* (New York: HarperBusiness, 2000), 142. 〔『アマゾン・ドット・コム』長谷川真実訳、日経BP社、2000〕
9. Ibid., 145.
10. Ibid., 27.
11. Ibid., 25.
12. Ibid., 25.
13. Barnabas D. Johnson, "Cybernetics of Society," The Jurlandia Institute, accessed Jan. 30, 2011, www.jurlandia.org/cybsoc.htm.
14. Michael Singer, "Google Gobbles Up Outride," *InternetNews.com*, Sept. 21, 2001, accessed Dec. 10, 2010, www.internetnews.com/bus-news/article.php/889381/Google-Gobbles-Up-Outride.html.
15. Moya K. Mason, "Short History of Collaborative Filtering," accessed Dec. 10, 2010, www.moyak.com/papers/collaborative-filtering.html.
16. David Goldberg, David Nichols, Brian M. Oki, and Douglas Terry, "Using Collaborative Filtering to Weave an Information Tapestry," *Communications of the ACM* 35 (1992), 12: 61.
17. Upendra Shardanand, "Social Information Filtering for Music Recommendation" (graduate diss., Massachusetts Institute of Technology, 1994).
18. Martin Kaste, "Is Your E-Book Reading Up On You?," NPR.org, Dec. 15, 2010, accessed Feb. 8, 2010, www.npr.org/2010/12/15/132058735/is-your-e-book-reading-up-on-you.
19. Aaron Shepard, *Aiming at Amazon: The NEW Business of Self Publishing, Or How to Publish Your Books with Print on Demand and Online Book Marketing* (Friday Harbor, WA : Shepard Publications, 2006), 127.
20. Sergey Brin and Lawrence Page, "The Anatomy of a Large-Scale Hypertextual Web Search Engine," Section 1.3.1.
21. Ibid., Section 8, Appendix A.
22. Ibid., Section 1.3.2.

23. Saul Hansell, "Google Keeps Tweaking its Search Engine," *New York Times*, June 3, 2007, accessed Feb. 7, 2011, www.nytimes.com/2007/06/03/business/yourmoney/03google.html?_r=1.
24. David A. Vise and Mark Malseed, *The Google Story* (New York: Bantam Dell, 2005), 289.〔『Google 誕生』田村理香訳、イースト・プレス、2006〕
25. Patent full text, accessed Dec. 10, 2010, http://patft.uspto.gov/netacgi/nph-Parser?Sect1=PTO2&Sect2=HITOFF&u=%2Fnetahtml%2FPTO%2Fsearch-adv.htm&r=1&p=1&f=G&l=50&d=PTXT&S1=7,451,130.PN.&OS=pn/7,451,130&RS=PN/7,451,130.
26. Lawrence Page, Google Zeitgeist Europe Conference, May 2006.
27. BBC News, "Hyper-personal Search 'Possible,' " June 20, 2007, accessed Dec. 10, 2010, http://news.bbc.co.uk/2/hi/technology/6221256.stm.
28. David Kirkpatrick, "Facebook Effect," *New York Times*, June 8, 2010, accessed Dec. 10, 2010, www.nytimes.com/2010/06/08/books/excerpt-facebook-effect.html?pagewanted=1.
29. Ellen McGirt, "Hacker. Dropout. CEO," *Fast Company*, May 1, 2007, accessed Feb. 7, 2011, www.fastcompany.com/magazine/115/open_features-hacker-dropout-ceo.html.
30. Jason Kincaid, "EdgeRank: The Secret Sauce That Makes Facebook's News Feed Tick," *TechCrunch* blog, Apr. 22, 2010, accessed Dec. 10, 2010, http://techcrunch.com/2010/04/22/facebook-edgerank.
31. Mark Zuckerberg, "300 Million and On," Facebook blog, Sept. 15, 2009, accessed Dec. 10, 2010, http://blog.facebook.com/blog.php?post=136782277130.
32. 完全開示—— 2010年春、そのオンラインコミュニティおよびウェブにおけるプレゼンスについて、著者が、ワシントン・ポストから若干の話を聞いた。
33. Caroline McCarthy, "Facebook F8: One Graph to Rule Them All," *CNET News*, Apr. 21, 2010, accessed Dec. 10, 2010, http://news.cnet.com/8301-13577_3-20003053-36.html.
34. M. G. Siegler, "Facebook: We'll Serve 1 Billion Likes on the Web in Just 24 Hours," *TechCrunch* blog, Apr. 21, 2010, accessed Dec. 10, 2010, http://techcrunch.com/2010/04/21/facebook-like-button.
35. Richard Behar, "Never Heard of Acxiom? Chances Are It's Heard of You," *Fortune*, Feb. 23, 2004, accessed Dec. 10, 2010, http://money.cnn.com/magazines/fortune/fortune_archive/2004/02/23/362182/index.htm.
36. InternetNews.com Staff, "Acxiom Hacked, Customer Information Exposed," *InternetNews.com*, Aug. 8, 2003, accessed Dec. 10, 2010, www.esecurityplanet.com/trends/article.php/2246461/Acxiom-Hacked-Customer-Information-Exposed.htm.
37. Behar, "Never Heard of Acxiom?," Feb. 23, 2004.

38. Stephanie Clifford, "Your Online Clicks Have Value, for Someone Who Has Something to Sell," *New York Times*, Mar. 25, 2009, accessed Dec. 10, 2010, www.nytimes.com/2009/03/26/business/media/26adco.html?_r=2.
39. The Center for Digital Democracy, U.S. Public Interest Research Group, and the World Privacy Forum's complaint to the Federal Trade Commission, Apr. 8, 2010, accessed Dec. 10, 2010, http://democraticmedia.org/real-time-targeting.
40. Press release, FetchBack Inc., Apr. 13, 2010, accessed Dec. 10, 2010, www.fetchback.com/press_041310.html.
41. The Center for Digital Democracy, U. S. PIRG, and the World Privacy Forum's complaint.
42. Ibid.

第二章

1. John Dewey, *Essays, Reviews, and Miscellany, 1939-1941, The Later Works of John Dewey, 1925-1953*, vol. 14 (Carbondale: Southern Illinois University Press, 1998), 227.
2. Holman W. Jenkins Jr., "Google and the Search for the Future," *Wall Street Journal*, Aug. 14, 2010, accessed Dec. 11, 2010, http://online.wsj.com/article/SB10001424052748704901104575423294099527212.html.
3. John Wanamaker, U.S. department store merchant, as quoted in Marilyn Ross and Sue Collier, *The Complete Guide to Self-Publishing* (Cincinnati: Writer's Digest Books, 2010), 344.
4. 名前をメモすることができなかった。
5. Interactive Advertising Bureau PowerPoint report, "Brand Advertising Online and The Next Wave of M&A," Feb. 2010.
6. Ibid.
7. Walter Lippmann, *Liberty and the News* (Princeton: Princeton University Press, 1920), 6.
8. Pew Research Center, "How Blogs and Social Media Agendas Relate and Differ from the Traditional Press," May 23, 2010, accessed Dec. 11, 2010, www.journalism.org/node/20621.
9. Peter Wallsten, " 'Buckhead,' Who Said CBS Memos Were Forged, Is a GOP-Linked Attorney," *Los Angeles Times*, Sept. 18, 2004, accessed Dec. 11, 2010, http://seattletimes.nwsource.com/html/nationworld/2002039080_buckhead18.html.
10. Associated Press, "CBS News Admits Bush Documents Can't Be Verified," Sept. 21, 2004, accessed Dec. 11, 2010, www.msnbc.msn.com/id/6055248/ns/politics.
11. *The Gallup Poll: Public Opinion 2004* (Lanham, MD: Rowman & Littlefield, 2006,

http://books.google.com/books?id=uqqp-sDCjo4C&pg=PA392&lpg=PA392&dq=public+opinion+poll+on+dan+rather+controversy&source=bl&ots=CPGu03cpsn&sig=9XT-li8ar2GOXxfVQWCcGNHIxTg&hl=en&ei=uw_7TLK9OMGB8gb3r72ACw&sa=X&oi=book_result&ct=result&resnum=1&ved=0CBcQ6AEwAA#v=onepage&q=public%20opinion%20poll%20on%20dan%20rather%20controversy&f=true.

12. Lippmann, *Liberty and the News*, 64.
13. この部分は Michael Schudson, *Discovering the News* (New York: Basic Books, 1978) による。
14. Lippmann, *Liberty and the News*, 4.
15. Ibid., 7.
16. John Dewey, *Essays, Reviews, and Miscellany, 1939-1941, The Later Works of John Dewey, 1925-1953*, vol. 2 (Carbondale: Southern Illinois University Press, 1984), 332.
17. Jon Pareles, "A World of Megabeats and Megabytes," *New York Times*, Dec. 30, 2009, accessed Dec. 11, 2010, www.nytimes.com/2010/01/03/arts/music/03tech.html.
18. Dave Winer, Dec. 7, 2005, Dave Winer's blog, *Scripting News*, accessed Dec. 11, 2010, http://scripting.com/2005/12/07.html#.
19. Esther Dyson, "Does Google Violate Its 'Don't Be Evil' Motto?," *Intelligence Squared U.S.*, Debate between Esther Dyson, Siva Vaidhyanathan, Harry Lewis, Randal C. Picker, Jim Harper, and Jeff Jarvis (New York, NY) Nov 18, 2008, accessed Feb. 7, 2011, www.npr.org/templates/story/story.php?storyId=97216369.
20. ジェイ・ローゼンとの対談でクレイ・シャーキーが指摘した事実。ジェイ・ローゼンによるクレイ・シャーキーへのインタビューのビデオ、第5章 "Why Study Media?," *NYU Primary Sources* (New York, NY), 2011, accessed Feb. 9, 2011, http://nyuprimarysources.org/video-library/jay-rosen-and-clay-shirky/.
21. Lev Grossman, "Time's Person of the Year: You," *Time*, Dec. 13, 2006, accessed Dec. 11, 2010, www.time.com/time/magazine/article/0,9171,1569514,00.html.
22. Jack Goldsmith and Tim Wu, *Who Controls the Internet? Illusions of a Borderless World* (New York: Oxford University Press, 2006), 70.
23. Danny Sullivan, "Google CEO Eric Schmidt on Newspapers & Journalism," Search Engine Land, Oct. 3, 2009, accessed Dec. 11, 2010, http://searchengineland.com/google-ceo-eric-schmidt-on-newspapers-journalism-27172.
24. "Krishna Bharat Discusses the Past and Future of Google News," *Google News* blog, June 15, 2010, accessed Dec. 11, 2010, http://googlenewsblog.blogspot.com/2010/06/krishna-bharat-discusses-past-and.html.
25. Ibid.

26. Ibid.
27. Ibid.
28. "Press Accuracy Rating Hits Two Decade Low; Public Evaluations of the News Media: 1985-2009," Pew Research Center for the People and the Press, Sept. 13, 2009, accessed Dec. 11, 2010, http://people-press.org/report/543/.
29. ヤフーニュース役員に著者が取材。2010年9月22日。この取材は匿名を条件におこなわれた。
30. Erick Schonfeld, "Estimate: 800,000 U.S. Households Abandoned Their TVs for the Web," *TechCrunch* blog, Apr. 13, 2010, accessed Dec. 11, 2010, http://techcrunch.com/2010/04/13/800000-households-abandoned-tvs-web; "Cable TV Taking It on the Chin," www.freemoneyfinance.com/2010/11/cable-tv-taking-it-on-the-chin.html; and Peter Svensson, "Cable Subscribers Flee, but Is Internet to Blame?" http://finance.yahoo.com/news/Cable-subscribers-flee-but-is-apf-3875814716.html?x=0.
31. "Google Vice President: Online Video and TV Will Converge," June 25, 2010, Appmarket.tv, accessed Dec. 11, 2010, www.appmarket.tv/news/160-breaking-news/440-google-vice-president-online-video-and-tv-will-converge.html.
32. Bill Bishop, *The Big Sort: Why the Clustering of Like-Minded America Is Tearing Us Apart* (New York: Houghton Mifflin, 2008), 35.
33. Jason Snell, "Steve Jobs on the Mac's 20th Anniversary," *Macworld*, Feb. 2, 2004, accessed Dec. 11, 2010, www.macworld.com/article/29181/2004/02/themacturns20jobs.html.
34. "Americans Using TV and Internet Together 35% More Than a Year Ago," NielsenWire, Mar. 22, 2010, accessed Dec. 11, 2010, http://blog.nielsen.com/nielsenwire/online_mobile/three-screen-report-q409.
35. Paul Klein, as quoted in Marcus Prior, *Post-Broadcast Democracy* (New York: Cambridge University Press, 2007) 39.
36. "YouTube Leanback Offers Effortless Viewing," *YouTube* blog, July 7, 2010, accessed Dec. 11, 2010, http://youtube-global.blogspot.com/2010/07/youtube-leanback-offers-effortless.html.
37. Ben McGrath, "Search and Destroy: Nick Denton's Blog Empire," *New Yorker*, Oct. 18, 2010, accessed Dec. 11, 2010, www.newyorker.com/reporting/2010/10/18/101018fa_fact_mcgrath?currentPage=all.
38. Jeremy Peters, "Some Newspapers, Tracking Readers Online, Shift Coverage," *New York Times*, Sept. 5, 2010, accessed Dec. 11, 2010, www.nytimes.com/2010/09/06/business/media/06track.html.
39. Danna Harman, "In Chile, Instant Web Feedback Creates the Next Day's Paper,"

Christian Science Monitor, Dec. 1, 2004, accessed Dec. 11, 2010, www.csmonitor.com/2004/1201/p01s04-woam.html.
40. Jeremy Peters, "At Yahoo, Using Searches to Steer News Coverage," *New York Times*, July 5, 2010, accessed Dec. 11, 2010, www.nytimes.com/2010/07/05/business/media/05yahoo.html.
41. Jonah A. Berger and Katherine L. Milkman, "Social Transmission and Viral Culture," Social Science Research Network Working Paper Series (Dec. 25, 2009): 2.
42. *Huffington Post*, "The Craziest Headline Ever," June 23, 2010, accessed Dec. 11, 2010, www.huffingtonpost.com/2010/06/23/craziest-bar-ever-discove_n_623447.html.
43. Danny Westneat, "Horse Sex Story Was Online Hit," *Seattle Times*, Dec. 30, 2005, accessed Dec. 11, 2010, http://seattletimes.nwsource.com/html/localnews/2002711400_danny30.html.
44. Ben Margot, "Rescued Chihuahua Princess Abby Wins World's Ugliest Dog Contest, Besting Boxer Mix Pabst," *Los Angeles Times*, June 27, 2010, accessed Dec. 11, 2010, http://latimesblogs.latimes.com/unleashed/2010/06/rescued-chihuahua-princess-abby-wins-worlds-ugliest-dog-contest-besting-boxer-mix-pabst.html.
45. Carl Bialik, "Look at This Article. It's One of Our Most Popular," *Wall Street Journal*, May 20, 2009.
46. Andrew Alexander, "Making the Online Customer King at The Post," *Washington Post*, July 11, 2010, accessed Dec. 11, 2010, www.washingtonpost.com/wp-dyn/content/article/2010/07/09/AR2010070903802.html.
47. ニコラス・ネグロポンテ（著者による取材）、カリフォルニア州トラッキー、2010年8月5日。
48. マイケル・シャドソン教授（著者による取材）、ニューヨーク州ニューヨーク、2010年8月13日。
49. Simon Dumenco, "Google News Cares More About Facebook, Twitter and Apple Than Iraq, Afghanistan," *Advertising Age*, June 23, 2010, accessed Feb. 9, 2011, http://adage.com/mediaworks/article?article_id=144624.
50. Alexander, "Making the Online Customer King."
51. ジェイ・ローゼンによるクレイ・シャーキーへのインタビュー。
52. John Dewey, *The Public and Its Problems* (Athens, OH: Swallow Press, 1927), 126. 〔『公衆とその諸問題』植木豊訳、ハーベスト社、2010、他〕

第三章

1. John Stuart Mill, *The Principles of Political Economy* (Amherst, MA: Prometheus

Books, 2004), 543.
2. Arthur Koestler, *The Sleepwalkers: A History of Man's Changing Vision of the Universe* (New York: Penguin, 1964), 11.
3. Henry Precht, interview with Ambassador David E. Mark, Foreign Affairs Oral History Project, Association for Diplomatic Studies and Training, July 28, 1989, accessed Dec. 14, 2010, http://memory.loc.gov/service/mss/mssmisc/mfdip/2005%20txt%20files/2004mar02.txt.
4. Ibid.
5. Ibid.
6. John Limond Hart, *The CIA's Russians* (Annapolis: Naval Institute Press, 2003), 132.
7. Ibid., 135.
8. Ibid., 140.
9. "Yuri Ivanovich Nosenko, a Soviet defector, Died on August 23rd, Aged 80," *Economist*, Sept. 4, 2008, accessed Dec. 14, 2010, www.economist.com/node/12051491.
10. Ibid.
11. Richards J. Heuer Jr., "Nosenko: Five Paths to Judgment," *Studies in Intelligence* 31, no. 3 (Fall 1987).
12. David Stout, "Yuri Nosenko, Soviet Spy Who Defected, Dies at 81," *New York Times*, Aug. 27, 2008, accessed Dec. 14, 2010, www.nytimes.com/2008/08/28/us/28nosenko.html?scp=1&sq=nosenko&st=cse.
13. Ibid.
14. Richards J. Heuer Jr. *Psychology of Intelligence Analysis* (Washington, D. C. : Central Intelligence Agency, 1999).
15. Ibid., xiii.
16. Ibid., xx-xxi.
17. Ibid., xxi-xxii.
18. Dan Ariely, *Predictably Irrational: The Hidden Forces That Shape Our Decisions* (New York: HarperCollins, 2008).〔『予想どおりに不合理（増補版）』熊谷淳子訳、早川書房、2010〕
19.Dan Gilbert, *Stumbling on Happiness* (New York: Knopf, 2006).〔『幸せはいつもちょっと先にある』熊谷淳子訳、早川書房、2007〕
20. Kathryn Schulz, *Being Wrong: Adventures in the Margin of Error* (New York: HarperCollins, 2010).〔『まちがっている』松浦俊輔訳、青土社、2012〕
21. Nassim Nicholas Taleb, *The Black Swan: The Impact of the Highly Improbable* (New York: Random House, 2007), 64.〔『ブラック・スワン（上・下）』望月衛訳、ダイヤモンド社、2009〕
22. Doris Graber, *Processing the News: How People Tame the Information Tide* (New

York: Longman, 1988).
23. Ibid., 161.
24. Steven James Breckler, James M. Olson, and Elizabeth Corinne Wiggins, *Social Psychology Alive* (Belmont, CA: Thomson Wadsworth, 2006), 69.
25. Graber, *Processing the News*, 170.
26 A. H. Hastorf and H. Cantril, "They Saw a Game: A Case Study," *Journal of Abnormal and Social Psychology* 49: 129-34.
27. Philip E. Tetlock, *Expert Political Judgment: How Good Is It? How Can We Know?* (Princeton: Princeton University Press, 2005).
28. Jean Piaget, *The Psychology of Intelligence* (New York: Routledge & Kegan Paul, 1950).
29. Jonathan Chait, "How Republicans Learn That Obama Is Muslim, *New Republic*, Aug. 27, 2010, www.tnr.com/blog/jonathan-chait/77260/how-republicans-learn-obama-muslim.
30. Ibid.
31. Travis Proulx and Steven J. Heine, "Connections from Kafka: Exposure to Meaning Threats Improves Implicit Learning of an Artifical Grammar," *Psychological Science* 20, no. 9 (2009): 1125-31.
32. Franz Kafka, *A Country Doctor* (Prague: Twisted Spoon Press, 1997).〔「田舎医者」『カフカ短編集』池内紀訳、岩波文庫、1987 他所収〕
33. Ibid.
34. Proulx and Heine, "Connections from Kafka."
35. George Loewenstein, "The Psychology of Curiosity: A Review and Reinterpretation," *Psychological Bulletin* 116, no. 1(1994): 75-98, https://docs.google.com/viewer?url=http://www.andrew.cmu.edu/user/gl20/GeorgeLoewenstein/Papers_files/pdf/PsychofCuriosity.pdf.
36. Siva Vaidhyanathan, *The Googlization of Everything* (Berkeley and Los Angeles: University of California Press, 2011), 182.〔『グーグル化の見えざる代償』久保儀明訳、インプレスジャパン、2012〕
37. Pablo Picasso, as quoted in Gerd Leonhard, Media Futurist Web site, Dec 8, 2004, accessed Feb. 9, 2011, http://www.mediafuturist.com/about.html.
38. Joshua Foer, "The Adderall Me: My Romance with ADHD Meds," *Slate*, May 10, 2005, www.slate.com/id/2118315.
39. Margaret Talbot, "Brain Gain: The Underground World of 'Neuroenhancing Drugs,'" *New Yorker*, Apr. 27, 2009, accessed Dec. 14, 2010, www.newyorker.com/reporting/2009/04/27/090427fa_fact_talbot?currentPage=all.
40. Erowid Experience Vaults, accessed Dec. 14, 2010, www.erowid.org/experiences/

exp.php?ID=56716.
41. Talbot, "Brain Gain."
42. Arthur Koestler, *The Act of Creation* (New York: Arkana, 1989), 82.〔『創造活動の理論（上・下）』大久保直幹他訳、ラテイス、1966/1967〕
43. Ibid., 86.
44. Hans Eysenck, *Genius: The Natural History of Creativity* (Cambridge: Cambridge University Press, 1995).
45. Hans Eysenck, "Creativity and Personality: Suggestions for a Theory," *Psychological Inquiry*, 4, no. 3 (1993): 147-78.
46. Aharon Kantorovich and Yuval Ne'eman, "Serendipity as a Source of Evolutionary Progress in Science," *Studies in History and Philosophy of Science, Part A*, 20, no. 4: 505-29.
47. Karl Duncker, "On Problem Solving," *Psychological Monographs,* 58 (1945).
48. George Katona, *Organizing and Memorizing* (New York: Columbia University Press, 1940).
49. Arthur Cropley, *Creativity in Education and Learning* (New York: Longmans, 1967).
50. N.J.C. Andreases and Pauline S. Powers, "Overinclusive Thinking in Mania and Schizophrenia," *British Journal of Psychology* 125 (1974): 452-56.
51. Cropley, *Creativity,* 39.
52. Richard Wiseman, *The Luck Factor* (New York: Hyperion, 2003), 43-44.〔『運のいい人の法則』矢羽野薫訳、角川文庫、2011〕
53. Charlan Nemeth and Julianne Kwan, "Minority Influence, Divergent Thinking and Detection of Correct Solutions," *Journal of Applied Social Psychology*, 17, I. 9, (1987): 1, accessed Feb. 7, 2011, http://onlinelibrary.wiley.com/doi/10.1111/j.1559-1816.1987.tb00339.x/abstract.
54. W. M. Maddux, A. K. Leung, C. Chiu, and A. Galinsky, "Toward a More Complete Understanding of the Link Between Multicultural Experience and Creativity," *American Psychologist* 64 (2009): 156-58.
55. Steven Johnson, *Where Good Ideas Come From: The Natural History of Innovation* (New York: Penguin, 2010), *ePub Bud*, accessed Feb. 7, 2011, www.epubbud.com/read.php?g=LN9DVC8S.
56. Ibid., 6.
57. Ibid., 3.
58. Ibid., 13.
59. John Battelle, *The Search: How Google and Its Rivals Rewrote the Rules of Business and Transformed Our Culture* (New York: Portfolio, 2005), 61.〔『ザ・サーチ』中谷

和男訳、日経 BP 社、2005〕
60. Ibid.
61. David Gelernter, *Time to Start Taking the Internet Seriously*, accessed Dec. 14, 2010, www.edge.org/3rd_culture/gelernter10/gelernter10_index.html.
62. Garci Rodriguez de Montalvo, *The Exploits of Esplandian* (Madrid: Editorial Castalia, 2003).

第四章

1. Sharon Gaudin, "Total Recall: Storing Every Life Memory in a Surrogate Brain," *ComputerWorld*, Aug. 2, 2008, accessed Dec. 15, 2010, www.computerworld.com/s/article/9074439/Total_Recall_Storing_every_life_memory_in_a_surrogate_brain.
2. David Kirkpatrick, *The Facebook Effect,* 199.〔『フェイスブック　若き天才の野望』〕
3. "Live-Blog: Zuckerberg and David Kirkpatrick on the Facebook Effect," transcript of interview, *Social Beat*, accessed Dec. 15, 2010, http://venturebeat.com/2010/07/21/live-blog-zuckerberg-and-david-kirkpatrick-on-the-facebook-effect.
4. Ibid.
5. Marshall Kirkpatrick, "Facebook Exec: All Media Will Be Personalized in 3 to 5 Years," *ReadWriteWeb*, Sept. 29, 2010, accessed Dec. 15, 2010, www.readwriteweb.com/archives/facebook_exec_all_media_will_be_personalized_in_3.php.
6. John Perry Barlow, A Declaration of the Independence of Cyberspace, Feb. 8, 1996, accessed Dec. 15, 2010, https://projects.eff.org/~barlow/Declaration-Final.html.
7. Julia Angwin and Steve Stecklow, " 'Scrapers' Dig Deep for Data on Web," *Wall Street Journal*, Oct. 12, 2010, accessed Dec. 15, 2010, http://online.wsj.com/article/SB10001424052748703358504575544381288117888.html.
8. Julia Angwin and Jennifer Valentino-Devries, "Race Is On to 'Fingerprint' Phones, PCs," *Wall Street Journal*, Nov. 30, 2010, accessed Jan. 30, 2011, http://online.wsj.com/article/SB10001424052748704679204575646704100959546.html?mod=ITP_pageone_0.
9. Yochai Benkler, "Of Sirens and Amish Children: Autonomy, Information, and Law," *New York University Law Review*, 76 no. 23 (April 2001): 110.
10. Daniel Solove, *The Digital Person: Technology and Privacy in the Information Age* (New York: New York University Press, 2004), 45.
11. E. E. Jones and V. A. Harris, "The Attribution of Attitudes," *Journal of Experimental Social Psychology* 3 (1967): 1-24.
12. Stanley Milgram, "Behavioral Study of Obedience," *Journal of Abnormal and*

Social Psychology 67 (1963): 371-78.
13. Paul Bloom, "First Person Plural," *Atlantic* (Nov. 2008), accessed Dec. 15, 2010, www.theatlantic.com/magazine/archive/2008/11/first-person-plural/7055.
14. Katherine L. Milkman, Todd Rogers, and Max H. Bazerman, "Highbrow Films Gather Dust: Time-Inconsistent Preferences and Online DVD Rentals," *Management Science* 55, no. 6 (June 2009): 1047-59, accessed Jan. 29, 2011, http://opimweb.wharton.upenn.edu/documents/research/Highbrow.pdf.
15. Ibid.
16. ジョン・バッテル（著者による電話取材）、2010年10月12日。
17. ジョナサン・マクフィー（著者による電話取材）、2010年10月13日。
18. Mark Rothstein, as quoted in Cynthia L. Hackerott, J.D., and Martha Pedrick, J.D., "Genetic Information Nondiscrimination Act Is a First Step; Won't Solve the Problem," Oct. 1, 2007, accessed Feb. 9, http://www.metrocorpcounsel.com/current.php?artType=view&artMonth=January&artYear=2011&EntryNo=7293.
19. Siva Vaidyanathan, "Naked in the 'Nonopticon,'" *Chronicle Review* 54, no. 23: B7.
20. ディーン・エクルズ（著者による電話取材）、2010年11月9日。
21. Ibid.
22. PK List Marketing, "Free to Me—Impulse Buyers," accessed Jan. 28, 2011, www.pklistmarketing.com/Data%20Cards/Opportunity%20Seekers%20&%20Sweepstakes%20Participants/Cards/Free%20To%20Me%20-%20Impulse%20Buyers.htm.
23. Robert Andrews, "Google's Schmidt: Autonomous, Fast Search Is 'Our New Definition,'" *paidContent*, Sept. 7, 2010, accessed Dec. 15, 2010, http://paidcontent.co.uk/article/419-googles-schmidt-autonomous-fast-search-is-our-new-definition.
24. Shanto Iyengar, Mark D. Peters, and Donald R. Kinder, "Experimental Demonstrations of the 'Not-So-Minimal' Consequences of Television News Programs," *American Political Science Review* 76, no. 4 (1982): 848-58.
25. Ibid.
26. Drew Westen, *The Political Brain: The Role of Emotion in Deciding the Fate of the Nation* (Cambridge, MA: Perseus, 2007).
27. Lynn Hasher and David Goldstein, "Frequency and the Conference of Referential Validity," *Journal of Verbal Learning and Verbal Behaviour* 16 (1977): 107-12.
28. マット・コーラー（著者による電話取材）、2010年11月23日。
29. Robert Rosenthal and Lenore Jacobson, "Teachers' Expectancies: Determinants of Pupils' IQ Gains," *Psychological Reports*, 19 (1966): 115-18.
30. Dalton Conley, *Elsewhere, U.S.A.: How We Got from the Company Man, Family Dinners, and the Affluent Society to the Home Office, BlackBerry Moms, and*

Economic Anxiety (New York: Pantheon Books, 2008), 164.
31. Geoff Duncan, "Netflix Offers $1Mln for Good Movie Picks," *Digital Trends*, Oct. 2, 2006, accessed Dec. 15, 2010, www.digitaltrends.com/computing/netflix-offers-1-mln-for-good-movie-picks.
32. Katie Hafner, "And If You Liked the Movie, a Netflix Contest May Reward You Handsomely," *New York Times*, Oct. 2, 2006, accessed Dec. 15, 2010, www.nytimes.com/2006/10/02/technology/02netflix.html.
33. Charlie Stryker, Marketing Panel at 2010 Social Graph Symposium, Microsoft Campus, Mountain View, CA, May 21, 2010.
34. Julia Angwin, "Web's New Gold Mine," *Wall Street Journal*, July 30, 2010, accessed on Feb. 7, 2011, http://online.wsj.com/article/SB10001424052748703940904575395073512989404.html.
35. David Hume, *An Enquiry Concerning Human Understanding*, Harvard Classics, volume 37, Section VII, Part I, online edition, (P.F. Collier & Son: 1910), accessed Feb. 7, 2011, http://18th.eserver.org/hume-enquiry.html.〔『人間知性研究（新装版）』斎藤繁雄・一ノ瀬正樹訳、法政大学出版局、2011、他〕
36. Karl Popper, *The Logic of Scientific Discovery* (New York: Routledge, 1992).〔『科学的発見の論理』大内義一・森博訳、恒星社厚生閣、1971〕
37. Fyodor Dostoevsky, *Notes from Underground*, trans. Richard Pevear and Laura Volokhonsky (New York: Random House, 1994), 24.〔『地下室の手記』江川卓訳、新潮文庫、1969、他〕

第五章

1. Hannah Arendt, *The Portable Hannah Arendt* (New York: Penguin, 2000), 199.
2. Alexis de Tocqueville, *Democracy in America* (New York: Penguin, 2001).〔『アメリカのデモクラシー（全2巻）』松本礼二訳、岩波文庫、2005-2008、他〕
3. "NATO Hits Chinese Embassy," *BBC News*, May 8, 1999, accessed Dec. 17, 2010, http://news.bbc.co.uk/2/hi/europe/338424.stm.
4. Tom Downey, "China's Cyberposse," *New York Times*, Mar. 3, 2010, accessed Dec. 17, 2010, www.nytimes.com/2010/03/07/magazine/07Human-t.html?pagewanted=1.
5. Shanthi Kalathil and Taylor Boas, "Open Networks, Closed Regimes: The Impact of the Internet on Authoritarian Rule," *First Monday* 8, no. 1-6 (2003).
6. Clive Thompson, "Google's China Problem (and China's Google Problem)," *New York Times*, Apr. 23, 2006, accessed Dcc. 17, 2010, www.nytimes.com/2006/04/23/magazine/23google.html.
7. James Fallows, "The Connection Has Been Reset," *Atlantic*, Mar. 2008, accessed

Dec. 17, 2010, www.theatlantic.com/magazine/archive/2008/03/-ldquo-the-connection-has-been-reset-rdquo/6650.
8. Fallows, "Connection Has Been Reset."
9. Thompson, "Google's China Problem."
10. Hong Yan, "Image of Internet Police: JingJang and Chacha Online," *China Digital Times*, Feb. 8, 2006, accessed Dec. 17, 2010, http://chinadigitaltimes.net/china/internet-police/page/2.
11. Thompson, "Google's China Problem."
12. Associated Press, "Web Porn Seeps Through China's Great Firewall," July 22, 2010, accessed Dec. 17, 2010, www.cbsnews.com/stories/2010/07/22/tech/main6703860.shtml.
13. Bill Clinton, "America's Stake in China," *Blueprint*, June 1, 2000, accessed Dec. 17, 2010, www.dlc.org/ndol_ci.cfm?kaid=108&subid=128&contentid=963.
14. Laura Miller and Sheldon Rampton, "The Pentagon's Information Warrior: Rendon to the Rescue," *PR Watch* 8, no. 4 (2001).
15. John Rendon, as quoted in Franklin Foer, "Flacks Americana," *New Republic*, May 20, 2002, accessed Feb. 9, 2011, www.tnr.com/article/politics/flacks-americana?page=0,2.
16. ジョン・レンドン（著者による電話取材）、2010年11月1日。
17. Eric Schmidt and Jared Cohen, "The Digital Disruption: Connectivity and the Diffusion of Power," *Foreign Affairs* (Nov.-Dec. 2010).
18. Stephen P. Halbrook, " 'Arms in the Hands of Jews Are a Danger to Public Safety': Nazism, Firearm Registration, and the Night of the Broken Glass, *St. Thomas Law Review* 21 (2009): 109-41, 110, www.stephenhalbrook.com/law_review_articles/Halbrook_macro_final_3_29.pdf.
19. クライブ・トンプソン（著者による取材）、ニューヨーク州ブルックリン、2010年8月13日。
20. Peter Svensson, "WikiLeaks Down? Cables Go Offline After Site Switches Servers," *Huffington Post*, Dec. 1, 2010, accessed Feb. 9, www.huffingtonpost.com/2010/12/01/wikileaks-down-cables-go-_n_790589.html.
21. Christopher Ketcham and Travis Kelly, "The More You Use Google, the More Google Knows About You," *AlterNet*, Apr. 9, 2010, accessed Dec. 17, 2010, www.alternet.org/investigations/146398/total_information_awareness:_the_more_you_use_google,_the_more_google_knows_about_you_?page=entire.
22. "Does Cloud Computing Mean More Risks to Privacy?," *New York Times*, Feb. 23, 2009, accessed Feb. 8, 2011, http://bits.blogs.nytimes.com/2009/02/23/does-cloud-computing-mean-more-risks-to-privacy.

23. Antone Gonsalves, "Yahoo, MSN, AOL Gave Search Data to Bush Administration Lawyers," *Information Week*, Jan. 19, 2006, accessed Feb. 9, 2011, www.informationweek.com/news/security/government/showArticle.jhtml?articleID=177102061.
24. Ketcham and Kelly, "The More You Use Google."
25. Jonathan Zittrain, *The Future of the Internet—and How to Stop It* (New Haven : Yale University Press, 2008), 201.〔『インターネットが死ぬ日』井口耕二訳、早川書房、2009〕
26. ジョン・バッテル（著者による電話取材）、2010 年 10 月 12 日。
27.Viktor Mayer-Schonberger, *Delete: The Virtue of Forgetting in the Digital Age* (Princeton : Princeton University Press, 2009), 107.
28. George Gerbner, "TV Is Too Violent Even Without Executions," *USA Today*, June 16, 1994, 12A, accessed Feb. 9, 2011 through LexisNexis.
29. "Fighting 'Mean World Syndrome,'" *GeekMom* blog, *Wired*, Jan. 27, 2011, accessed Feb. 9, 2011, www.wired.com/geekdad/2011/01/fighting-%E2%80%9Cmean-world-syndrome%E2%80%9D/.
30. Dean Eckles, "The 'Friendly World Syndrome' Induced by Simple Filtering Rules," *Ready-to-Hand: Dean Eckles on People, Technology, and Inference* blog, Nov. 10, 2010, accessed Feb. 9, 2011, www.deaneckles.com/blog/386_the-friendly-world-syndrome-induced-by-simple-filtering-rules/.
31. "What's the History of the Awesome Button (That Eventually Became the Like Button) on Facebook?," Quora Forum, accessed Dec. 17, 2010, www.quora.com/Facebook-company/Whats-the-history-of-the-Awesome-Button-that-eventually-became-the-Like-button-on-Facebook.
32. Hollis Thomases, "Google Drops Anti-Cruise Line Ads from AdWords," Web Ad.vantage, Feb. 13, 2004, accessed Dec. 17, 2010, www.webadvantage.net/webadblog/google-drops-anti-cruise-line-ads-from-adwords-338.
33. "How Rove Targeted the Republican Vote," *Frontline*, accessed Feb. 8, 2011, www.pbs.org/wgbh/pages/frontline/shows/architect/rove/metrics.html.
34. Mark Steitz and Laura Quinn, "An Introduction to Microtargeting in Politics," accessed Dec. 17, 2010, www.docstoc.com/docs/43575201/An-Introduction-to-Microtargeting-in-Politics.
35. "Google's War Room for the Home Stretch of Campaign 2010," e.politics, Sept. 24, 2010, accessed Feb. 9, 2011, www.epolitics.com/2010/09/24/googles-war-room-for-the-home-stretch-of-campaign-2010/.
36. Vincent R. Harris, "Facebook's Advertising Fluke," *TechRepublican*, Dec. 21, 2010, accessed Feb. 9, 2011, http://techrepublican.com/free-tagging/vincent-harris.
37. Monica Scott, "Three TV Stations Pull 'Demonstrably False' Ad Attacking Pete

Hoekstra," *Grand Rapids Press*, May 28, 2010, accessed Dec. 17, 2010, www.mlive.com/politics/index.ssf/2010/05/three_tv_stations_pull_demonst.html.
38. Bill Bishop, *The Big Sort*, 195.
39. Ronald Inglehart, *Modernization and Postmodernization* (Princeton: Princeton University Press, 1997), 10.
40. Neal Stewart, "Marketing with a Whisper," *Fast Company*, Jan. 11, 2003, accessed Jan. 30, 2011, www.fastcompany.com/fast50_04/winners/stewart.html.
41. Max Read, "Pabst Blue Ribbon Will Run You $44 a Bottle in China," *Gawker*, July 21, 2010, accessed Feb. 9, 2011, http://m.gawker.com/5592399/pabst-blue-ribbon-will-run-you-44-a-bottle-in-china.
42. Barack Obama, *The Audacity of Hope: Thoughts on Reclaiming the American Dream* (New York: Crown, 2006), 11.〔『合衆国再生』棚橋志行訳、ダイヤモンド社、2007〕
43. テッド・ノードハウス（著者による電話取材）、2010年8月31日。
44. David Bohm, *Thought as a System* (New York: Routledge, 1994), 2.
45. David Bohm, *On Dialogue* (New York: Routledge, 1996), x-xi.〔『ダイアローグ』金井真弓訳、英治出版、2007〕
46. John Dewey, *The Public and Its Problems*. (Athens, OH: Swallow Press, 1927), 146.〔『公衆とその諸問題』〕

第六章

1. Plato, *First Alcibiades*, in *The Dialogues of Plato*, vol. 4, trans. Benjamin Jowett (Oxford, UK: Clarendon Press, 1871), 559.〔「アルキビアデス１」『プラトン全集６』所収、田中美知太郎訳、岩波書店、1975、他〕
2. Stewart Brand, *Whole Earth Catalog* (self-published, 1968), accessed Dec. 16, 2010, http://wholeearth.com/issue/1010/article/195/we.are.as.gods.
3. Steven Levy, *Hackers: Heroes of the Computer Revolution* (New York: Penguin, 2001), 451.〔『ハッカーズ』古橋芳恵・松田信子訳、工学社、1990〕
4. "How Eliza Works," accessed Dec. 16, 2010, http://chayden.net/eliza/instructions.txt.
5. シヴァ・ヴァイディアナサン（著者による電話取材）、2010年8月9日。
6. ダグラス・ラシュコフ（著者による取材）、ニューヨーク州ニューヨーク、2010年8月25日。
7. Gabriella Coleman, "The Political Agnosticism of Free and Open Source Software and the Inadvertent Politics of Contrast," *Anthropological Quarterly*, 77, no. 3 (Summer 2004): 507-19, Academic Search Premier, EBSCOhost.
8. Levy, *Hackers*, 73.〔『ハッカーズ』〕

9. Christian Rudder, "Exactly What to Say in a First Message," Sept. 14, 2009, accessed Dec. 16, 2010, http://blog.okcupid.com/index.php/online-dating-advice-exactly-what-to-say-in-a-first-message.
10. Steven Levy, "The Unabomber and David Gelernter," *New York Times*, May 21, 1995, accessed Dec. 16, 2010, www.unabombers.com/News/95-11-21-NYT.htm.
11. Langdon Winner, "Do Artifacts Have Politics?," *Daedalus* 109, no. 1 (Winter 1980): 121-36.
12. Lawrence Lessig, *Code, Version 2.0.* (New York: Basic Books, 2006). 〔『CODE VERSION 2.0』〕
13. Winner, "Do Artifacts Have Politics."
14. The Jargon File, Version 4.4.7, Appendix B. A Portrait of J. Random Hacker, accessed Feb. 9, 2011, http://linux.rz.ruhr-uni-bochum.de/jargon/html/politics.html.
15. Mark Zuckerberg executive bio, Facebook press room, accessed on Feb. 8, 2011, www.facebook.com/press/info.php?execbios.
16. Greg Jarboe, "A 'Fireside Chat' with Google's Sergey Brin," Search Engine Watch, Oct. 16, 2003, accessed Dec. 16, 2010, http://searchenginewatch.com/3081081.
17. Gord Hotckiss, "Just Behave: Google's Marissa Mayer on Personalized Search," Searchengineland, Feb. 23, 2007, accessed Dec. 16, 2010, http://searchengineland.com/just-behave-googles-marissa-mayer-on-personalized-search-10592.
18. David Kirkpatrick, "With a Little Help from his Friends," *Vanity Fair* (Oct. 2010), accessed Dec. 16, 2010, www.vanityfair.com/culture/features/2010/10/sean-parker-201010.
19. Kevin Kelly, *What Technology Wants* (New York: Viking, 2010).
20. Mark Zuckerberg, remarks to Startup School Conference, *XConomy*, Oct. 18, 2010, accessed Feb. 8, 2010, www.xconomy.com/san-francisco/2010/10/18/mark-zuckerberg-goes-to-startup-school-video/.
21. David A. Vise and Mark Malseed, *The Google Story* (New York: Bantam Dell, 2005), 42. 〔『Google 誕生』〕
22. Jeffrey M. O'Brien, "The PayPal Mafia," *Fortune*, Nov. 14, 2007, accessed Dec. 16, 2010, http://money.cnn.com/2007/11/13/magazines/fortune/paypal_mafia.fortune/index2.htm.
23. Troy Wolverton, "It's official: eBay weds PayPal," *CNET News*, Oct. 3, 2002, accessed Dec. 16, 2010, http://news.cnet.com/Its-official-eBay-weds-PayPal/2100-1017_3-960658.html.
24. Peter Thiel, "Education of a Libertarian," *Cato Unbound*, Apr. 13, 2009, accessed Dec. 16, 2010, www.cato-unbound.org/2009/04/13/peter-thiel/the-education-of-a-

libertarian.
25. Chris Baker, "Live Free or Drown: Floating Utopias on the Cheap," *Wired*, Jan. 19, 2009, accessed Dec. 16, 2010, www.wired.com/techbiz/startups/magazine/17-02/mf_seasteading?currentPage=all.
26. Thiel, "Education of a Libertarian."
27. Nicholas Carlson, "Peter Thiel Says Don't Piss Off the Robots (or Bet on a Recovery)," *Business Insider*, Nov. 18, 2009, accessed Dec. 16, 2010, www.businessinsider.com/peter-thiel-on-obama-ai-and-why-he-rents-his-mansion-2009-11#.
28. Ronald Bailey, "Technology Is at the Center," Reason.com, May 2008, accessed Dec. 16, 2010, http://reason.com/archives/2008/05/01/technology-is-at-the-center/singlepage.
29. Deepak Gopinath, "PayPal's Thiel Scores 230 Percent Gain with Soros-Style Fund," CanadianHedgeWatch.com, Dec. 4, 2006, accessed Jan. 30, 2011, www.canadianhedgewatch.com/content/news/general/?id=1169.
30. Peter Thiel, "Your Suffrage Isn't in Danger. Your Other Rights Are," *Cato Unbound*, May 1, 2009, accessed Dec. 16, 2010, www.cato-unbound.org/2009/05/01/peter-thiel/your-suffrage-isnt-in-danger-your-other-rights-are.
31. 著者による取材、ニューヨーク州ニューヨーク、2010年10月5日。
32. Melvin Kranzberg, "Technology and History: 'Kranzberg's Laws,' " *Technology and Culture* 27, no. 3 (1986): 544-60.

第七章

1. Noah Wardrip-Fruin and Nick Montfort, *The New Media Reader*, Vol. 1 (Cambridge: MIT Press, 2003), 8.
2. Isaac Asimov, *The Intelligent Man's Guide to Science* (New York: Basic Books, 1965).
3. ビル・ジェイ（著者による電話取材）、2010年10月10日。
4. Jason Mick, "Tokyo's 'Minority Report' Ad Boards Scan Viewer's Sex and Age," Daily Tech, July 16, 2010, accessed Dec. 17, 2010, www.dailytech.com/Tokyos+Minority+Report+Ad+Boards+Scan+Viewers+Sex+and+Age/article19063.htm.
5. David Shields, *Reality Hunger: A Manifesto* (New York: Knopf, 2010). 本書は、Michiko Kakutani の書評で知ることができた。
6. M. Ryan Calo, "People Can Be So Fake: A New Dimension to Privacy and Technology Scholarship," *Penn State Law Review* 114, no. 3 (2010): 810-55.
7. Vanessa Woods, "Pay Up, You Are Being Watched," *New Scientist*, Mar. 18, 2005, accessed Dec. 17, 2010, www.newscientist.com/article/dn7144-pay-up-you-are-being-watched.html.

8. Calo, "People Can Be So Fake."

9. Ibid.

10. Maureen Boyle, "Video: Catching Criminals? Brockton Cops Have an App for That," *Brockton Patriot Ledger*, June 15, 2010, accessed Dec. 17, 2010, www.patriotledger.com/news/cops_and_courts/x1602636300/Catching-criminals-Cops-have-an-app-for-that.

11. Jerome Taylor, "Google Chief: My Fears for Generation Facebook," *Independent*, Aug. 18, 2010, accessed Dec. 17, 2010, www.independent.co.uk/life-style/gadgets-and-tech/news/google-chief-my-fears-for-generation-facebook-2055390.html.

12. William Gibson, Interview on NPR's *Fresh Air*, Aug. 31, 1993, accessed Dec. 17, 2010, www.npr.org/templates/story/story.php?storyId=1107153.

13. "RFID Bracelet Brings Facebook to the Real World," Aug. 20, 2010, accessed Dec. 17, 2010, www.psfk.com/2010/08/rfid-bracelet-brings-facebook-to-the-real-world.html.

14.Reihan Salam, "Why Amazon Will Win the Internet," *Forbes*, July 30, 2010, accessed Dec. 17, 2010, www.forbes.com/2010/07/30/amazon-kindle-economy-environment-opinions-columnists-reihan-salam.html.

15. David Wright, Serge Gutwirth, Michael Friedewald, Yves Punie, and Elena Vildjiounaite, *Safeguards in a World of Ambient Intelligence* (Berlin/Dordrecht: Springer Science, 2008): abstract.

16. "Digitized Book Project Unveils a Quantitative 'Cultural Genome,' " Google/Harvard press release, accessed Feb. 8, 2011, www.seas.harvard.edu/news-events/news-archive/2010/digitized-books.

17. Ibid.

18. Google Translate Help Page, accessed Feb 8, 2011, http://translate.google.com/support/?hl=en.

19. Nikki Tait, "Google to translate European patent claims," *Financial Times*, Nov. 29, 2010, accessed Feb. 9, 2010, www.ft.com/cms/s/0/02f71b76-fbce-11df-b79a-00144feab49a.html.

20. ダニー・サリバン（著者による電話取材）、2010年9月10日。

21. Graham Bowley, "Stock Swing Still Baffles, with an Ominous Tone," *New York Times*, Aug. 22, 2010, accessed Feb. 8, 2010, www.nytimes.com/2010/08/23/business/23flash.html.

22. Chris Anderson, "The End of Theory: The Data Deluge Makes the Scientific Method Obsolete," *Wired*, June 23, 2008, accessed Feb. 10, 2010, www.wired.com/science/discoveries/magazine/16-07/pb_theory.

23. Hillis quoted in Jennifer Riskin, *Genesis Redux: Essays in the History and Philosophy*

of Artificial Life (Chicago: University of Chicago Press, 2007), 200.

24. Marisol LeBron, " 'Migracorridos': Another Failed Anti-immigration Campaign," North American Congress of Latin America, Mar. 17, 2009, accessed Dec. 17, 2010, https://nacla.org/node/5625.
25. Mary McNamara, "Television Review: 'The Jensen Project,' " *Los Angeles Times*, July 16, 2010, accessed Dec. 17, 2010, http://articles.latimes.com/2010/jul/16/entertainment/la-et-jensen-project-20100716.
26. Jenni Miller, "Hansel and Gretel in 3D? Yeah, Maybe." *Moviefone* blog, July 19, 2010, accessed Dec. 17, 2010, http://blog.moviefone.com/2010/07/19/hansel-and-gretel-in-3d-yeah-maybe.
27. Motoko Rich, "Product Placement Deals Make Leap from Film to Books," *New York Times*, Nov. 9, 2008, accessed Dec. 17, 2010, www.nytimes.com/2008/02/19/arts/19iht-20bookplacement.10177632.html?pagewanted=all.
28. John Hauser and Glen Urban, "When to Morph," Aug. 2010, accessed Dec. 17, 2010, http://web.mit.edu/hauser/www/Papers/Hauser-Urban-Liberali_When_to_Morph_Aug_2010.pdf.
29. Jane Wardell, "Raytheon Unveils Scorpion Helmet Technology," Associated Press, July 23, 2010, accessed Dec. 17, 2010 at www.boston.com/business/articles/2010/07/23/raytheon_unveils_scorpion_helmet_technology.
30. Wardell, "Raytheon Unveils Scorpion Helmet Technology."
31. Michael Schmidt, "To Pack a Stadium, Provide Video Better Than TV," *New York Times*, July 28, 2010, accessed Dec. 17, 2010, www.nytimes.com/2010/07/29/sports/football/29stadium.html?_r=1.
32. Augmented Cognition International Society Web site, accessed Dec. 17, 2010, www.augmentedcognition.org.
33. "Computers That Read Your Mind," *Economist*, Sept. 21, 2006, accessed Dec. 17, 2010, www.economist.com/node/7904258?story_id=7904258.
34. Gary Hayes, "16 Top Augmented Reality Business Models," *Personalize Media* (Gary Hayes's blog), Sept. 14, 2009, accessed Dec. 17, 2010, www.personalizemedia.com/16-top-augmented-reality-business-models.
35. クリス・コイン（著者による取材）、ニューヨーク州ニューヨーク、2010年10月6日。
36. Vladimir Nabokov, *Lolita* (New York, Random House, 1997), 312.〔『ロリータ』若島正訳、新潮文庫、2006、他〕
37. David Wright et al., *Safeguards in a World of Ambient Intelligence* (London: Springer, 2008), 66, accessed through Google eBooks, Feb. 8, 2011.
38. Bill Joy, "Why the Future Doesn't Need Us," *Wired* (Apr. 2000), accessed Dec. 17,

2010, www.wired.com/wired/archive/8.04/joy.html.

第八章

1. Christopher Alexander et al., *A Pattern Language* (New York, Oxford University Press, 1977), 8.〔『パタン・ランゲージ』平田翰那訳、鹿島出版会、1984〕
2. A Call for Continued Open Standards and Neutrality," *Scientific American*, Nov. 22, 2010.
3. ビル・ジェイ（著者による電話取材）、2010年10月1日。
4. Alexander et al., *A Pattern Language*, 445, 928-29.〔『パタン・ランゲージ』〕
5. Ibid., xvi.
6. Ibid., 41-43.
7. Ibid., 43.
8. Ibid., 48.
9. Ibid.
10. Danah Boyd, "Streams of Content, Limited Attention: The Flow of Information through Social Media," *Web2.0 Expo*. New York, NY: Nov. 17, 2007, accessed July 19, 2008, www.danah.org/papers/talks/Web2Expo.html.
11. "A Better Mousetrap," *This American Life* no. 366, aired Oct. 10, 2008, www.thisamericanlife.org/radio-archives/episode/366/a-better-mousetrap-2008.
12. Ibid.
13. マット・コーラー（著者による電話取材）、2010年11月23日。
14. Dan Ariely as quoted in Lisa Wade, "Decision Making and the Options We're Offered," *Sociological Images* blog, Feb. 17, 2010, accessed Dec. 17, 2010, http://thesocietypages.org/socimages/2010/02/17/decision-making-and-the-options-were-offered/.
15. Lawrence Lessig, *Code, Version 2.0*(New York: Basic Books, 2006), 260, http://books.google.com/books?id=lmXIMZiU8yQC&pg=PA260&lpg=PA260&dq=lessig+political+response+transparent+code&source=bl&ots=wR0WRuJ61u&sig=iSIiM0pnEaf-o5VPvtGcgXXEeL8&hl=en&ei=1bI0TfykGsH38Ab7-tDJCA&sa=X&oi=book_result&ct=result&resnum=1&ved=0CBcQ6AEwAA#v=onepage&q&f=false.〔『CODE VERSION 2.0』〕
16. Amit Singhal, "Is Google a Monopolist? A Debate," Opinion Journal, *Wall Street Journal*, Sept. 17, 2010, http://online.wsj.com/article/SB10001424052748703466704575489582364177978.html?mod=googlenews_wsj#U3012719359440EB.
17. "Philip Foisie's memos to the management of the *Washington Post*," Nov. 10, 1969, accessed Dec. 20, 2010, http://newsombudsmen.org/articles/origins/article-1-mcgee.

18. "News Ombudsmanship: Its Theory and Rationale," Press Regulation: How Far Has it Come? symposium, Seoul, Korea, June 1994.
19. Jeffrey Rosen, "The Web Means the End of Forgetting," *New York Times Magazine*, July 21, 2010, www.nytimes.com/2010/07/25/magazine/25privacy-t2.html?_r=1&pagewanted=all.
20. 匿名希望の情報提供者に著者が取材。
21. "Transcript: Stephen Colbert Interviews Google's Eric Schmidt on *The Colbert Report*," Search Engine Land, Sept. 22, 2010, accessed Dec. 20, 2010, http://searchengineland.com/googles-schmidt-colbert-report-51433.
22. Cass R. Sunstein, *Republic.com* (Princeton: Princeton University Press, 2001).〔『インターネットは民主主義の敵か』〕
23. マーク・ローテンバーグ（ケイトリン・ピーターによる電話取材）、2010年11月5日。
24. "Mistakes Do Happen: Credit Report Errors Mean Consumers Lose," U.S. PIRG, accessed Feb. 8, 2010, www.uspirg.org/home/reports/report-archives/financial-privacy--security/financial-privacy--security/mistakes-do-happen-credit-report-errors-mean-consumers-lose.

参考文献

Alexander, Christopher, Sara Ishikawa, and Murray Silverstein. *A Pattern Language: Towns, Buildings, Construction*. New York: Oxford University Press, 1977.〔『パタン・ランゲージ』平田翰那訳、鹿島出版会、1984〕

Anderson, Benedict. *Imagined Communities: Reflections on the Origin and Spread of Nationalism*. New York: Verso, 1991.〔『定本　想像の共同体』白石隆・白石さや訳、書籍工房早山、2007〕

Battelle, John. *The Search: How Google and Its Rivals Rewrote the Rules of Business and Transformed Our Culture*. New York: Portfolio, 2005.〔『ザ・サーチ』中谷和男訳、日経 BP 社、2005〕

Berger, John. *Ways of Seeing*. New York: Penguin, 1973.〔『イメージ』伊藤俊治訳、PARCO 出版、1986〕

Bishop, Bill. *The Big Sort: Why the Clustering of Like-Minded America Is Tearing Us Apart*. New York: Houghton Mifflin, 2008.

Bohm, David. *On Dialogue*. New York: Routledge, 1996.〔『ダイアローグ』金井真弓訳、英治出版、2007〕

Conley, Dalton. *Elsewhere, U.S.A.: How We Got from the Company Man, Family Dinners, and the Affluent Society to the Home Office, BlackBerry Moms, and Economic Anxiety*. New York: Pantheon Books, 2008.

Dewey, John. *The Public and Its Problems*. Athens, OH: Swallow Press, 1927.〔『公衆とその諸問題』植木豊訳、ハーベスト社、2010、他〕

Heuer, Richards J. *Psychology of Intelligence Analysis*. Washington, D.C.: Central Intelligence Agency, 1999.

Inglehart, Ronald. *Modernization and Postmodernization: Cultural, Economic, and Political Change in 43 Societies*. Princeton: Princeton University Press, 1997.

Kelly, Kevin. *What Technology Wants*. New York: Viking, 2010.

Koestler, Arthur. *The Act of Creation*. Hutchinson & Co., 1964.〔『創造活動の理論（上・下）』大久保直幹他訳、ラテイス、1966/1967〕

Lanier, Jaron. *You Are Not a Gadget: A Manifesto*. New York: Alfred A. Knopf, 2010.〔『人間はガジェットではない』井口耕二訳、早川書房、2010〕

Lessig, Lawrence. *Code: And Other Laws of Cyberspace, Version 2.0*. New York: Basic Books, 2006.〔『CODE VERSION 2.0』山形浩生訳、翔泳社、2007〕

Lippmann, Walter. *Liberty and the News*. Princeton: Princeton University Press, 1920.

Minsky, Marvin. *The Society of Mind*. New York: Simon and Schuster, 1988.〔『心の社会』安西祐一郎訳、産業図書、1990〕
Norman, Donald A. *The Design of Everyday Things*. New York: Basic Books, 1988.〔『誰のためのデザイン？』野島久雄訳、新曜社、1990〕
Postman, Neil. *Amusing Ourselves to Death: Public Discourse in the Age of Show Business*. New York: Penguin Books, 1985.
Schudson, Michael. *Discovering The News: A Social History of American Newspapers*. New York: Basic Books, 1978.
Shields, David. *Reality Hunger: A Manifesto*. New York: Knopf, 2010.
Shirky, Clay. *Here Comes Everybody: The Power of Organizing Without Organizations*. New York: The Penguin Press, 2008.〔『みんな集まれ！』岩下慶一訳、筑摩書房、2010〕
Solove, Daniel J. *Understanding Privacy*. Cambridge, MA: Harvard University Press, 2008.
Sunstein, Cass R. *Republic.com 2.0*. Princeton: Princeton University Press, 2007.〔『インターネットは民主主義の敵か』石川幸憲訳、毎日新聞社、2003〕
Turner, Fred. *From Counterculture to Cyberculture: Stewart Brand, the Whole Earth Network, and the Rise of Digital Utopianism*. Chicago: The University of Chicago Press, 2006.
Watts, Duncan J. *Six Degrees: The Science of a Connected Age*. New York: W.W. Norton & Company, 2003.〔『スモールワールド・ネットワーク』辻竜平・友知政樹訳、阪急コミュニケーションズ、2004〕
Wu, Tim. *The Master Switch: The Rise and Fall of Information Empires*. New York: Alfred A. Knopf, 2010.
Zittrain, Jonathan. *The Future of the Internet—And How to Stop It*. New Haven: Yale University Press, 2008.〔『インターネットが死ぬ日』井口耕二訳、早川書房、2009〕

閉《と》じこもるインターネット
グーグル・パーソナライズ・民主主義
2012年２月20日　初版印刷
2012年２月25日　初版発行
＊
著　者　イーライ・パリサー
訳　者　井《いの》口《くち》耕《こう》二《じ》
発行者　早　川　　浩
＊
印刷所　株式会社亨有堂印刷所
製本所　大口製本印刷株式会社
＊
発行所　株式会社　早川書房
東京都千代田区神田多町２−２
電話　03-3252-3111（大代表）
振替　00160-3-47799
http://www.hayakawa-online.co.jp
定価はカバーに表示してあります
ISBN978-4-15-209276-2　C0036
Printed and bound in Japan
乱丁・落丁本は小社制作部宛お送り下さい。
送料小社負担にてお取りかえいたします。
本書のコピー、スキャン、デジタル化等の無断複製
は著作権法上の例外を除き禁じられています。

ハヤカワ・ノンフィクション

偶然の科学

Everything Is Obvious

ダンカン・ワッツ

青木 創訳

46判上製

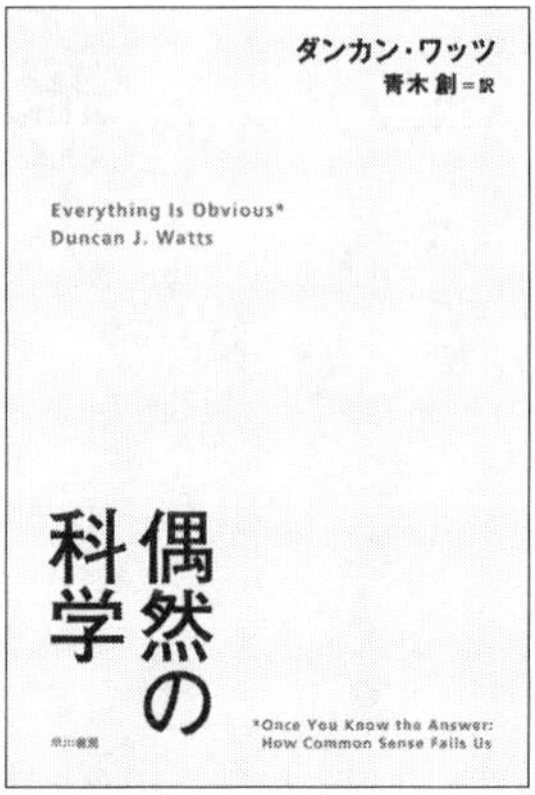

ネットワーク科学の革命児が明かす、
「偶然」で動く社会と経済のメカニズム！

なぜ「あんな本」がベストセラーになるのか。なぜ有望企業を事前に予測できないのか。人間の思考プロセスにとって最大の盲点である「偶然」の仕組みを知れば、より賢い意思決定が可能になる――。スモールワールド理論の提唱者が説き語る、複雑系社会学の真髄。

ハヤカワ・ノンフィクション

繁栄（上・下）

——明日を切り拓くための人類10万年史

The Rational Optimist
マット・リドレー
大田直子・鍛原多恵子・柴田裕之訳
46判上製

フィナンシャル・タイムズ&ゴールドマン・サックスが選ぶ ビジネスブック・オブ・ザ・イヤー2010候補作

世界は確実に良くなっている——今も、これからも。「アイデアの交配」と「分業」こそが人類進歩の源であることを論証し、豊富なデータと圧倒的説得力で、環境破壊や経済崩壊といった悲観的未来予測を覆す。名著『やわらかな遺伝子』の著者による希望の人類史

ハヤカワ・ポピュラー・サイエンス

イマココ

——渡り鳥からグーグル・アースまで、空間認知の科学

You Are Here

コリン・エラード

渡会圭子 訳

46判上製

斯界の第一人者が、ウェブ時代の空間認知研究を完全ナビゲート！

補論：濱野智史
（『アーキテクチャの生態系』著者）

地上で最も方向音痴な動物であるヒトは、なぜGPSなど高度なナビ技術を獲得できたのか。ヒト独自の空間認知システムは、都市・建物・ウェブ空間設計にどう反映されているのか。またこれら人工空間は、ヒトの行動や思考にどう影響するか——空間研究の最前線

ハヤカワ・ノンフィクション

ニンテンドー・イン・アメリカ

——世界を制した驚異の創造力

Super Mario

ジェフ・ライアン

林田陽子訳

46判並製

「ドンキーコング」から3DSまで。
米国人ジャーナリストが見た
任天堂とマリオのすべて!

史上類を見ないゲームキャラクター、マリオはいかにして米国で誕生し、世界中で愛されるに至ったか? 山内溥、横井軍平、荒川實、宮本茂、そして岩田聡らの活躍を軸に、世界を魅了し続ける任天堂の栄光と試練の歴史を描く。一気読み必至の傑作ノンフィクション

インターネットが死ぬ日
——そして、それを避けるには

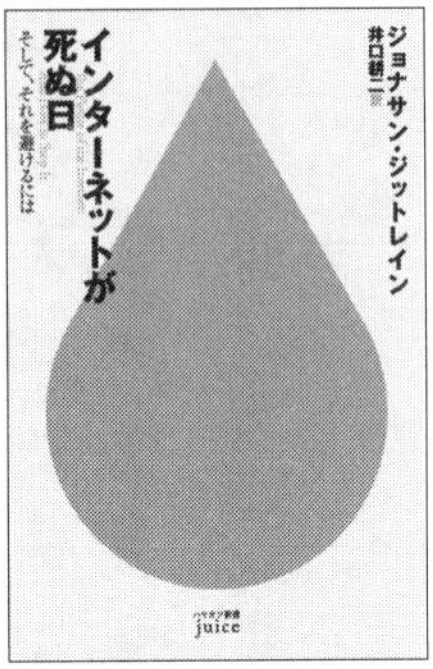

ジョナサン・ジットレイン／井口耕二訳

安全で使いやすいiPhoneがウェブを殺す!?

インターネットが普及して生活が豊かになった反面、悪意あるサイトへの誘導、ウィルス感染、ネット犯罪に直面する危険性は増している。このような状況に嫌気がさした人々はPCよりもiPhoneのような「消毒された」メディアに向かいつつあるが、そこには大きな落とし穴が！　世界が注目する気鋭のサイバー法学者が放つ、衝撃の「ウェブ退化論」。

003

ハヤカワ新書 juice

@yksk